Pesquisas em Ensino de Física e Engenharias:

Da Formação de Professores às práticas efetivas

Ana Karine Portela Vasconcelos
Antônio Nunes de Oliveira
Auzuir Ripardo de Alexandria

Organizadores

Pesquisas em Ensino de Física e Engenharias:

Da Formação de Professores às práticas efetivas

2024

Copyright © 2024 os organizadores
1ª Edição

Direção editorial: Victor Pereira Marinho e José Roberto Marinho

Capa: Fabrício Ribeiro
Projeto gráfico e diagramação: Fabrício Ribeiro

Edição revisada segundo o Novo Acordo Ortográfico da Língua Portuguesa

Dados Internacionais de Catalogação na publicação (CIP)
(Câmara Brasileira do Livro, SP, Brasil)

Pesquisas em ensino de física e engenharias: da formação de professores às práticas efetivas / organizadores Ana Karine Portela Vasconcelos, Antônio Nunes de Oliveira, Auzuir Ripardo de Alexandria. – São Paulo: LF Editorial, 2024.

Vários autores.
Bibliografia.
ISBN 978-65-5563-426-6

1. Desenvolvimento profissional 2. Engenharia - Estudo e ensino 3. Física - Estudo e ensino 4. Pesquisas educacionais 5. Práticas educativas I. Vasconcelos, Ana Karine Portela. II. Oliveira, Antônio Nunes de. III. Alexandria, Auzuir Ripardo de.

24-194035   CDD-530.7

Índices para catálogo sistemático:
1. Física: Estudo e ensino 530.7

Tábata Alves da Silva - Bibliotecária - CRB-8/9253

Todos os direitos reservados. Nenhuma parte desta obra poderá ser reproduzida sejam quais forem os meios empregados sem a permissão da Editora. Aos infratores aplicam-se as sanções previstas nos artigos 102, 104, 106 e 107 da Lei Nº 9.610, de 19 de fevereiro de 1998

LF Editorial
www.livrariadafisica.com.br
www.lfeditorial.com.br
(11) 2648-6666 | Loja do Instituto de Física da USP
(11) 3936-3413 | Editora

A todos os estudantes e professores que buscam qualificação continuada e que ensinam com zelo e dedicação tudo o que aprendem, buscando na educação uma maneira de transformar a sociedade mais justa e igualitária.

Prof. Nunes

PREFÁCIO

Pensar a formação e atuação profissional no ensino de física e engenharias é um dos grandes desafios do século XXI. Muitas questões devem ser pensadas e investigadas, sobretudo, relacionadas ao currículo, as práticas educativas, aos processos que norteiam o ensino e a aprendizagem para o desenvolvimento e atuação desses profissionais.

Contudo, é importante destacar que a pesquisa é quase relegada nos cursos de graduação. Muito dos currículos de formação profissional tem em seus projetos políticos uma organizar de disciplinas descontextualizada com a realidade e sem estabelecer relações diretas umas com as outras, sem incentivo ao desenvolvimento de profissionais investigativos e críticos sobre suas práticas. Há uma organização curricular e de conteúdos que prioriza, na maioria das vezes, a transmissão de conhecimento do que a sua produção.

Alinhado a isso, o currículo assume, muitas vezes, um caráter conservador de conteúdos em detrimento da formação e de vivências de outros contextos formativos que são tão importantes quanto o domínio de saberes ditos com formais (básicos). Existe uma resistência ao uso de novas metodologias e recursos no processo de ensino que podem possibilitar o desejo investigativo, atualmente, fundamental para a concepção e o desenvolvimento na vida dos cidadãos, da universidade e da própria sociedade.

Diante disso, a pesquisa é um dos caminhos para investigar, refletir e buscar alternativas e soluções para problemáticas que permeiam a formação profissional, principalmente, porque é inegável a importância da relação simbiótica entre ensino-pesquisa. É nessa relação dialógica e crítica do pensamento da prática e sobre a prática que as concepções e caminhos metodológicos vão se construindo e ganhando força como elementos basilares no ensino de qualquer ciência.

Portanto, a pesquisa é um exercício de procura, de construção da própria prática e consequentemente, da identidade profissional. Essa, como um elemento mutável e dinâmico aos processos e necessidade do exercício da profissão, das demandas e da própria ação de refletir criticamente ao pesquisar o seu *habitus*.

Esse *habitus* não como uma ação imediata de transmissão de conhecimento/práticas educativas de um sujeito para outro, mas como uma construção do lugar, da natureza e pelas consequências do espaço e das práticas que são trabalhadas e construídas no exercício da profissão docente. Ação que se constrói individual e coletivamente pelas experiências e interações, pela própria ação de pesquisar e produzir saberes que são o resultado do movimento histórico, cultural, social e coletivo dos profissionais e da ciência.

Portanto, pesquisar a ação profissional pressupõe o desejo de compreender os caminhos teóricos e metodológicos que norteiam as práticas pedagógicas que fundamentam o exercício da profissão. Implica também, no desejo de melhorar, de reinventar e de inovar na profissão, sobretudo, por perceber a dinâmica social, cultural e política que atravessa o currículo e as próprias práticas.

Nesse viés, ressalta-se que inovação não é necessariamente algo "novo", uma "invenção", pode ser algo já feito, algo que já existe. É preciso considerar que inovar é dar novos sentidos, nova perspectiva, é esse olhar na prática e sobre as práticas que estão sendo concebidas ao longo da formação e atuação profissional; é ter objetivos diferentes, finalidades diferentes diante do caminho que está sendo trilhado. Por isso, a importância de pesquisar ao longo do processo de formação profissional.

A pesquisa deve se constituir como um *habitus* ao logo da formação inicial, na formação continuada e no próprio exercício profissional, pois é uma forma de aperfeiçoamento do ser professor, do profissional, do estar e fazer da profissão. Essa investigação, ou mesmo olhar investigativo é o resultado da procura por dar sentido ao trabalho. Não há pesquisa sem o desejo de investigar, de mudar, de desenvolver e de inovar, seja na profissão, nas práticas ou na própria identidade profissional.

Portanto, esse livro surge desse desejo investigativo de desenvolver, de refletir sobre a profissão, sobre as práticas e metodologias que podem contribuir no ensino de física e engenharias, por conseguinte, na área de ciências.

Nesse viés, o capítulo I aborda o desenvolvimento da pesquisa no ensino de física no Brasil discutindo a transformação do ensino tradicional para uma abordagem centrada em uma aprendizagem significativa. Destaca-se a importância de uma formação de professores pautada na relação dialógica entre pesquisa e prática educativas. Ademais, debate a importância de um sistema de divulgação nacional das pesquisas em ensino de física e a necessidade de um maior investimento em políticas públicas para o desenvolvimento do ensino de ciências no país, abordando temáticas como a promoção da diversidade de gênero na área.

Já o capítulo II discute a Aprendizagem Baseada em Projetos (ABP) como uma abordagem pedagógica de caráter inovador no Ensino de Física (EF) ao realizar uma revisão da literatura destacando o pensamento construtivista de Piaget e Vygotsky, além de outros teóricos que fundamentam esse pensamento. O texto ainda apresenta diretrizes e debate o uso da ABP no ensino de física para o desenvolvimento práticas, na resolução de problemas e na construção do pensamento crítico. Além de destacar a ABP como uma estratégia metodológica de engajamento discente e na preparação para os desafios da atuação profissional.

Na sequência, o capítulo III apresenta uma discussão semelhante ao trazer a ABP também como objeto central e trazer os conceitos de Sequência Didática e o do uso de Metodologia Ativa de Aprendizagem, como a Aprendizagem Baseada em Projetos (ABProj). Além disso, apresenta a estrutura e os componentes da sequência 6C/PCMA. Exibe também uma discussão sobre competências e habilidades fundamentada em alguns teóricos, como Perenoud e outros conceitos que podem contribuir para a formação de pesquisadores, discentes e docentes.

Pensando também no conceito e no uso de sequência didática como metodologia de ensino, o capítulo IV traz um relato de experiência da construção de uma Sequência Didática por Investigação (SEI) no ensino de física a partir do estudo das cordas oscilantes fixas de instrumentos musicais. A abordagem usa a teoria da aprendizagem significativa para fundamentar a importância da problematização e do trabalho experimental no ensino de conteúdos com grau de abstração.

O capítulo V aborda a Eletricidade em Corrente Alternada (CA) a partir da utilização do software GeoGebra tendo com bases metodológicas a Teoria das Situações Didáticas (TSD) e da Engenharia Didática (ED). A pesquisa propõe alternativas de situações didáticas sob a percepção do uso de tecnologias no processo de ensino e aprendizagem dos conceitos de Eletricidade em Corrente Alternada (CA).

Em uma perspectiva semelhante, o capítulo VI problematiza a necessidade do uso de metodologia da Aprendizagem Baseada em Projetos em disciplinas no curso de Engenharia de *Software* para possibilitar uma maior aproximação entre teoria e prática. Segundo os autores, essa articulação promove o engajamento dos alunos com o curso e consequentemente a formação de profissionais capacitados para o mercado de trabalho, além de trazer bons resultados no processo de ensino e de aprendizagem.

Já pensando na promoção e divulgação científica, o capítulo VII aborda essa temática como possibilidade de desenvolvimento social e científico ao tornar o conhecimento acessível. O texto relata as ações realizadas pelo "Grupo de Pesquisa em Inovação de Recursos Didáticos, Produtos Educacionais e Tecnológicos" (GREPET). O capítulo discute o intercâmbio de conhecimento entre os membros do grupo como forma de integração entre saberes construídos em contextos históricos e formativos diferentes e que se associam de forma coletiva pelas ações e projetos realizados pelo grupo democratizando o conhecimento científico e tecnológico.

O capítulo VIII apresenta o ambiente Itreal (Immersive technologies for augmented and virtual reality) idealizado para difundir tecnologias imersivas de Realidade Aumentada (RA). O projeto é pensando no âmbito do Programa de Pós-Graduação da Rede Nordeste de Ensino (RENOEN) para ser uma ferramenta interdisciplinar no processo de ensino e aprendizagem de crianças, jovens e adultos e no desenvolvimento de materiais diversos, como laboratórios, livros e e-books interativos, animações 3D, dentre outros recursos tendo o Itreal como ambiente de suporte tecnológico.

A partir da leitura deste livro, ressalto a importância do exercício e manutenção da pesquisa como prática pedagógica na formação profissional e na promoção de uma sociedade justa, igualitária, democrática e inclusiva. A produção de conhecimento, o exercício de integrar, investigar, promover e discutir práticas inovadoras no ensino de física e engenharia para a concepção de uma educação que promova uma práxis transformadora e democrática no ensino de ciências, entendendo essa área como produtora e transformadora do conhecimento científico e tecnológico no exercício de práticas efetivas na formação de profissionais críticos, autônomos e conscientes do seu papel social e investigativo.

Prof. Dr. Manuel Bandeira dos Santos Neto
Faculdade de Educação, Ciências e Letras do Sertão Central (FECLESC) –
Universidade Estadual do Ceará (UECE).

SUMÁRIO

1. Fazer pesquisa em ensino de Física: desenvolvimento profissional, pesquisa e prática educativa...13

Antônio Nunes de Oliveira
José Wally Mendonça Menezes

2. Fundamentos da aprendizagem baseada em projetos no ensino de física: teoria, princípios e benefícios 21

Michele Maria Paulino Carneiro
José Wally Mendonça Menezes
Mairton Cavalcante Romeu

3. A sequência didática 6C/PCMA e aprendizagem baseada em projetos: possíveis modelos de integração 35

Antônio de Lisboa Coutinho Júnior
Gilvandenys Leite Sales
Sandro César Silveira Jucá

4. Sequência de ensino por investigação significativa no estudo das relações entre Física e Música em atividades experimentais envolvendo o oscilador de Melde 55

Joel Vieira de Araújo Filho
Francisco Nairon Monteiro Júnior

5. Teoria das situações didáticas e engenharia didática: considerações preliminares sobre proposta de ensino de eletricidade em corrente alternada com suporte do GeoGebra 77

José Gleisson da Costa Germano
José Wally Mendonça Menezes

6. Metodologia de aprendizagem baseada em projetos com ênfase em competências em disciplinas de engenharia de software.........................93

Cynthia Pinheiro Santiago
José Wally Mendonça Menezes
Francisco José Alves de Aquino

7. Divulgação científica por meio do histórico e de ações do grupo de pesquisa em inovação de recursos didáticos, produtos educacionais e tecnológicos (GREPET)..111

José Gleison Gomes Capistrano
Lana Priscila Souza
Sandro César Silveira Jucá
Solonildo Almeida da Silva

8. Produção de material em Realidade Aumentada com suporte do ambiente Itreal 129

Lana Priscila Souza
Sandro César Silveira Jucá

Posfácio 145

Antônio Nunes de Oliveira

Os autores..147

CAPÍTULO 1

FAZER PESQUISA EM ENSINO DE FÍSICA: DESENVOLVIMENTO PROFISSIONAL, PESQUISA E PRÁTICA EDUCATIVA

Antônio Nunes de Oliveira
José Wally Mendonça Menezes

RESUMO:

Neste ensaio, aborda-se o desenvolvimento da pesquisa em ensino de Física no Brasil, destacando a transição do ensino tradicional para abordagens mais centradas na aprendizagem significativa. Enfatiza-se a importância da formação dos professores, a relação entre pesquisa e prática educativa, e a necessidade de integração dos docentes à pesquisa. Além disso, menciona-se a falta de um sistema de divulgação nacional das pesquisas em ensino de Física e a necessidade de investimentos em políticas públicas para melhorar a educação em ciências no país, incluindo a promoção da diversidade de gênero na área de ensino de ciências.

Palavras-chave: Pesquisa em Ensino. Física. Desenvolvimento profissional. Prática Educativa.

INTRODUÇÃO

Na virada do século XX foi criada na Coordenação de Aperfeiçoamento de Pessoal de Nível Superior (CAPES) a área de ensino, que integrou em seguida o campo de investigação especificamente voltado à pesquisa em ensino de ciências e educação matemática, incluindo programas de pós-graduação acadêmicos e profissionais (DIAS; THERRIEN; FARIAS, 2017).

Neste ensaio apresentamos aspectos da pesquisa em ensino de Física, especificamente concernindo: 1) o nascimento do campo no Brasil e seus impactos no ensino escolar; 2) o desenvolvimento profissional voltado à atuação nesta área, destacando a relação entre pesquisa e prática educativa, a partir da consideração dos pontos de vista de pesquisadores da área e da socialização de experiências do próprio autor deste texto, que atua como professor de Física no Instituto Federal do Ceará (IFCE) na cidade de Cedro, no centro-sul cearense.

REVISÃO DE LITERATURA

Quanto ao primeiro ponto de discussão, já havia anteriormente uma preocupação em pensar melhorias na aprendizagem dos estudantes de ciências, particularmente em relação ao ensino de Física. Esta área de pesquisa emerge mais claramente a partir dos anos 1960, tendo como foco a realização de estudos das concepções alternativas (conhecimentos distantes dos científicos) que os estudantes possuíam e que interfeririam no processo de aquisição, bem como projetos curriculares, representações mentais e, mais recentemente, pesquisas centradas na formação de professores (MOREIRA, 2000; MOREIRA, 2018; NARDI, 2001).

Apesar de existirem muitos estudos e produções de materiais pedagógicos na área do ensino de Física em geral, o ensino desta disciplina ainda segue metodologias tradicionais (ensino mecânico, centralização do ensino da Física Clássica em detrimento de conhecimentos mais atuais). Ou seja, observa-se um distanciamento entre os resultados dessas pesquisas e as práticas de ensino dos professores nas escolas de Educação Básica (CARVALHO; GIL-PÉREZ, 2011; MASETTO, 2011).

Entendo que, se a aprendizagem constitui o êxito de uma atividade de ensino, para a qual as competências pedagógicas dos professores (domínio em determinada área do conhecimento, domínio na área pedagógica, domínio da tecnologia educacional etc.) são extremamente necessárias, surge, então, a necessidade de melhor compreender esses processos e buscar novas estratégias, que incluam o desenvolvimento profissional dos docentes da área, políticas educacionais e práticas educativas eficazes.

Quanto ao segundo ponto de discussão, ao abordarem a formação de professores de ciências, autores como Carvalho e Gil-Pérez (2011) revelam a necessidade de ruptura com visões simplistas sobre o ensino, questionando as ideias docentes de "senso comum", analisando criticamente o "ensino tradicional" e apontando para a exigência de o professor adquirir a formação necessária para associar o ensino à pesquisa didática.

Existe assim o imperativo de inserir os professores na pesquisa, sendo esta uma exigência atual a qual influencia positivamente o seu desenvolvimento e atuação profissional, contribuindo para a reconstrução de seus conhecimentos. "A atividade do professor e, por extensão, sua preparação, surgem como tarefas de uma extraordinária complexidade e riqueza que exigem associar de forma indissociável docência e pesquisa" (CARVALHO; GIL-PÉREZ, 2011, p. 64).

De acordo com Justino (2013), a pesquisa constitui um fator importante no desenvolvimento do professor, uma vez que ela o possibilita desenvolver a atitude científica que deve estar presente no fazer educativo e nas atividades normais do profissional da educação, esteja ele em posição de professor, administrador, orientador, supervisor, avaliador ou qualquer outra. A pesquisa na formação docente está relacionada ao trabalho coletivo envolvendo estudantes, professores e pesquisadores, possibilitando a todos os envolvidos desenvolverem habilidades que os auxiliarão a detectar e a solucionar problemas da sala de aula, da escola, da universidade e da própria sociedade.

A pesquisa em ensino de Física torna o professor da área um sujeito capaz de refletir sobre sua prática e buscar conhecimentos, comportamentos e habilidades que o ajudarão a aperfeiçoar cada vez mais o seu trabalho docente e a criar situações de aprendizagem para seus alunos, vindo a contribuir com o processo de emancipação destes. Corroborando esta ideia, Justino (2013, p. 50) afirma que "a pesquisa na formação de professores contribui para o crescimento dessa profissão, pois pode propiciar situações que o levarão a investigar sua prática, possibilitando ao futuro docente o aprimoramento do seu conhecimento científico e cultural".

Para este autor, "ao realizar uma pesquisa, utilizando a metodologia exigida por ela, o professor poderá aprender a refletir sobre a educação, buscando vincular teoria e prática para melhor compreender o contexto educacional" (JUSTINO, 2013, p. 50). Haja vista o que já foi dito, o professor que não tenha engajamento na pesquisa certamente carecerá de recursos para pensar e questionar sua prática, estando fadado a cometer repetidamente os mesmos erros. De outro modo, o professor que tenha acesso à formação e à prática de pesquisa caminhará na direção de uma profissionalização autônoma e responsável.

De acordo com Verma e Beard (1981 *apud* CARVALHO; GIL-PÉREZ, 2011), "para que os professores considerem sua atividade docente à luz de tais implicações, deverão inserir-se de alguma forma no processo de pesquisa". Uma vez inseridos, a interação da pesquisa com sua formação os possibilitará compreender a dimensão de sua profissão e recontextualizar o processo de ensino-aprendizagem.

Diante da necessidade de integração dos professores à pesquisa em ensino de Física, algumas importantes iniciativas têm surgido em âmbito nacional, a exemplo do Mestrado Nacional Profissional em Ensino de Física (MNPEF), ligado à Sociedade Brasileira de Física (SBF), que vem inserindo professores da área no campo da pesquisa e levando-os a construir materiais didáticos (produtos educacionais) testados no ambiente escolar e disponibilizados em rede. A atuação dos professores nesse ambiente de pesquisa é um fator fundamental para a consolidação de propostas inovadoras, uma vez que os docentes são postos a repensar as suas práticas e a propor inovações e possíveis soluções para os problemas vivenciados no processo de ensino-aprendizagem em Física.

Os programas de mestrado e doutorado profissionais ligados às áreas de Ensino e Educação vêm contribuindo com a formação de professores pesquisadores de alto nível, tornando-os aptos a atuarem como agentes de transformação em suas realidades profissionais, dando atenção às demandas educacionais desde a Educação Infantil até o Ensino Superior. Propostas como as dos mestrados e doutorados profissionais vão ao encontro da exigência de formar professores capazes de modificar suas práticas e contribuir com propostas inovadoras.

O ensino de Física no Brasil passou de uma fase exclusivamente centrada na transmissão de informações (de um professor que sabe – detentor do conhecimento – a um aluno que não sabe – mero receptor) para um processo de desenvolvimento da aprendizagem do aluno, considerando que este chega ao ambiente escolar com uma série de conhecimentos e experiências, que precisam ser levados em consideração, sendo o professor um mediador, cuja tarefa consiste em levar o aluno a aperfeiçoar sua capacidade de pensar e ressignificar os conteúdos que lhe são ensinados.

Muitas das pesquisas desenvolvidas nas últimas décadas têm levado em conta as estratégias de ensino, o uso de tecnologias e a modelagem computacional. Com respeito à aprendizagem, muito se tem investigado sobre concepções alternativas dos estudantes, câmbio conceitual, modelo mentais, obstáculos de aprendizagem etc. No que diz respeito ao professorado, têm-se investigado largamente suas representações e concepções (CARVALHO; GIL-PÉREZ, 2011). Em relação aos currículos, existe uma forte corrente que vem defendendo a inserção de tópicos contemporâneos e de epistemologia (OLIVEIRA *et al.*, 2017; OLIVEIRA; SAMPAIO; SIQUEIRA, 2019; OLIVEIRA, 2019). Também tem ganhado força um campo de pesquisa centrado no processo de desenvolvimento de aprendizagens significativas, valorizando os conhecimentos dos estudantes adquiridos na sua vida cotidiana (MOREIRA, 2011; DANTAS, 2011). Tais investigações geralmente estão centradas, por fim, na busca pela compreensão da influência do meio social nas práticas de ensino.

Mesmo depois de décadas de pesquisa em ensino de Física, vivenciamos a contraposição entre o que os pesquisadores sugerem como estratégias com potencial de êxito e os resultados da atual prática educativa, a qual tem nos levado a uma aprendizagem majoritariamente mecânica (ênfase na memorização), que não mantém conexões com as situações do cotidiano e da vida profissional. A pesquisa na área, por sua vez, aponta para uma preferência pela aprendizagem significativa (MOREIRA, 2011), valorizando a estrutura cognitiva do aprendiz, conforme o que foi discutido nos parágrafos anteriores.

No contexto da pesquisa em ensino de Física, esbarramos na ausência de um sistema de divulgação geral – isto é, nacional – dos trabalhos desenvolvidos na área, de modo a oferecer mais agilidade e eficiência ao desenvolvimento de estudos analíticos do estado da arte dessa linha de investigação (NARDI, 2001). Um banco com catálogo de pesquisas e material para download disponível ao professor facilitaria muito o seu trabalho e representaria uma economia de tempo, algo extremamente precioso na atividade docente.

Dados apontados por pesquisadores da área, a exemplo de Kuenzer (2011), mostram que a quantidade de professores formados ainda está longe de atender à demanda atual. Além disso, os investimentos em educação não são suficientes diante da dimensão do problema, ao passo que políticas e propostas de formação inadequadas têm gerado impactos significativos na qualidade de ensino. É possível questionar-se – as pesquisas realizadas até aqui têm realmente chegado até a sala de aula? A resposta é sim, como demonstra o exemplo do Programa Institucional de Bolsas de Iniciação à Docência (PIBID), que é financiado pela CAPES, sendo fruto da implementação de políticas públicas baseadas em pesquisas, com o intuito de promover a valorização e o incentivo à docência, além de possibilitar que as pesquisas acadêmicas cheguem à sala de aula (BORBA; ALMEIDA; GRACIAS, 2018).

Retomando a pergunta feita anteriormente, não é possível que as pesquisas por si sós sejam capazes de mudar a situação do ensino-aprendizagem; no entanto, elas têm efeitos diretos na prática e podem colaborar com a transformação da sala de aula ou do cotidiano educacional, e isso ocorre de forma gradativa, à medida em que se publicam os resultados dos estudos empreendidos. Parte dessas pesquisas já nasce na sala de aula, a partir das inquietações e questionamentos de um pesquisador pertencente a um determinado contexto social e político, e têm consequências imediatas sobre a prática docente. Contudo, as pesquisas não ganham o ambiente geral de sala de aula de forma rápida; uma vez publicadas, espera-se que outros se apropriem de seus achados e que aos poucos elas ganhem o devido espaço ou contribuam com outras propostas e inovações didáticas.

CONCLUSÕES

Diante de tudo o que foi discutido até aqui, concluímos que a pesquisa em ensino de Física tem a função de pensar novas alternativas que visem a melhoria da educação em ciências no Brasil, contemplando a noção de que é urgente uma melhor formação científica da população. Em meio a este cenário de incertezas no enfrentamento de uma grave pandemia, todos reconhecemos que a ciência é um dos caminhos fundamentais para a resolução dos problemas da humanidade. É preciso investir em políticas públicas, incentivar e promover a pesquisa e a formação inicial e continuada de professores, ampliar os programas de pós-graduação na área em todas as regiões do país, para que estes possam formar mais professores críticos e preocupados com a situação educacional de sua região, buscando soluções e construindo práticas educativas eficazes, de forma a conciliar suas vivências com a pesquisa. Também é necessário pensar novas estratégias que atraiam os jovens para a carreira de docência em ciências, atentando para a urgência da questão da diversidade de gênero neste campo, de modo a romper com concepções historicamente arcaicas de que o progresso científico foi desenvolvido somente por homens.

REFERÊNCIAS

BORBA, Marcelo de Carvalho; ALMEIDA, Helber Rangel de; GRACIAS, Telma Aparecida. **Pesquisa em ensino e sala de aula**: diferentes vozes em uma investigação. Belo Horizonte: Autêntica, 2018.

CARVALHO, Anna Maria Pessoa de; GIL-PÉREZ, Daniel. **Formação de professores de ciências**: tendências e inovações. 10. ed. São Paulo: Cortez, 2011.

DANTAS, Claudio Rejane da Silva. **As TIC e a teoria da aprendizagem significativa**: uma proposta de intervenção no ensino de Física. Orientador: Marcelo Gomes Germano. 2011. 144 f. Dissertação (Mestrado em Ensino de Ciências e Educação Matemática) – Centro de Ciências e Tecnologia, Universidade Estadual da Paraíba, Campina Grande, 2011. Disponível em: http://tede.bc.uepb.edu.br/jspui/handle/tede/1971. Acesso em: 10 out. 2020.

DIAS, Ana Maria Iório; THERRIEN, Jacques; FARIAS, Isabel Maria Sabino de. As áreas da educação e de ensino na CAPES: Identidade, tensões e diálogos. **Revista Educação e Emancipação**, São Luís, v. 10, n. 1, p. 34-57, jan./abr. 2017. Disponível em: http://www.periodicoseletronicos.ufma.br/index.php/reducacaoemancipacao/article/view/6974/. Acesso em: 8 out. 2020.

JUSTINO, Marinice Natal. **Pesquisa e recursos didáticos na formação e prática docentes**. Curitiba: InterSaberes, 2013.

KUENZER, Acacia Zeneida. A formação de professores para o ensino médio: velhos problemas, novos desafios. **Educação & Sociedade**, Campinas, v. 32, n. 116, p. 667-688, jul./set. 2011. Disponível em: https://www.scielo.br/pdf/es/v32n116/a04v32n116.pdf. Acesso em: 8 out. 2020.

MOREIRA, Marco Antonio. Ensino de Física no Brasil: retrospectiva e perspectivas. **Revista Brasileira de Ensino de Física**, São Paulo, v. 22, n. 1, p. 94-99, mar. 2000. Disponível em: http://www.sbfisica.org.br/rbef/pdf/v22a13.pdf. Acesso em: 8 out. 2020.

MOREIRA, Marco Antonio. **Aprendizagem significativa**: a teoria e textos complementares. São Paulo: Livraria da Física, 2011.

MOREIRA, Marco Antonio. Uma análise crítica do ensino de Física. **Estudos Avançados**, São Paulo, v. 32, n. 94, p. 73-80, 2018. Disponível em: http://www.revistas.usp.br/eav/article/view/152679. Acesso em: 8 out. 2020.

NARDI, Roberto (org). **Pesquisas no ensino de Física**. 2. ed. São Paulo: Escrituras, 2001.

OLIVEIRA, Antônio Nunes de *et al.* Ensino da teoria da relatividade em Sobral (CE): uma pesquisa com professores e alunos egressos do Ensino Médio. **ScientiaTec**, Porto Alegre, v. 4, n. 3, p. 18-36, 2017. Disponível em: https://periodicos.ifrs.edu.br/index.php/ScientiaTec/article/view/2121. Acesso em: 8 out. 2020

OLIVEIRA, Antônio Nunes de; SAMPAIO, Wilton Souza; SIQUEIRA, Marcos Cirineu Aguiar. Física Moderna e Contemporânea no Ensino Básico: o cinto de segurança como alternativa para a abordagem teórica do princípio de equivalência da relatividade geral. **Conexões – Ciência e Tecnologia,** Fortaleza, v. 13, n. 4, p. 7-17, dez. 2019. Disponível em: http://conexoes.ifce.edu.br/index.php/conexoes/article/view/1859. Acesso em: 8 out. 2020.

OLIVEIRA, Ubiratan Leal de. **Abordagem da radioatividade nos livros didáticos de Química do PNLD 2015-2018**. Orientador: Marcos Antônio Barros. 2019. 66 f. Dissertação (Mestrado em Ensino de Ciências e Educação Matemática) – Centro de Ciências e Tecnologia, Universidade Estadual da Paraíba, Campina Grande, 2019. Disponível em: http://tede.bc.uepb.edu.br/jspui/handle/tede/3481. Acesso em: 8 out. 2020.

CAPÍTULO 2

FUNDAMENTOS DA APRENDIZAGEM BASEADA EM PROJETOS NO ENSINO DE FÍSICA: TEORIA, PRINCÍPIOS E BENEFÍCIOS

Michele Maria Paulino Carneiro
José Wally Mendonça Menezes
Mairton Cavalcante Romeu

RESUMO

Nesta pesquisa, explora-se a Aprendizagem Baseada em Projetos (ABP) como uma abordagem pedagógica inovadora no ensino de Física (EF). A metodologia envolve a revisão de literatura, destacando as teorias construtivistas de Piaget e Vygotsky, bem como as contribuições de educadores como Dewey, Kilpatrick, Papert e Jonassen. Além disso, são apresentadas diretrizes para a implementação da ABP, incluindo a definição de objetivos, seleção de tópicos e estruturação do projeto. As conclusões destacam que a ABP no EF promove o desenvolvimento de habilidades práticas, pensamento crítico, resolução de problemas e engajamento dos alunos. A implementação bem-sucedida requer planejamento cuidadoso, adaptação flexível e avaliação autêntica. A ABP prepara os alunos para enfrentar desafios do mundo real e desenvolver competências essenciais para o século XXI, tornando-se uma abordagem valiosa no ensino de Física.

Palavras-chave: Ensino de Física. Aprendizagem Baseada em Projetos. Metodologias Ativas.

INTRODUÇÃO

A Aprendizagem Baseada em Projetos (ABP) tem se destacado como uma abordagem pedagógica inovadora e eficaz, especialmente no contexto do ensino de Física (EF). Ao colocar os alunos no centro do processo de aprendizagem, a ABP proporciona uma experiência educacional envolvente e significativa, em que os estudantes se tornam protagonistas ativos na construção do conhecimento.

Nesta introdução, será explorada a definição da ABP, seus conceitos-chave e os objetivos que a fundamentam como uma abordagem valiosa no EF. Segundo Bender (2014), a ABP pode ser definida pela utilização de projetos autênticos e realistas, baseados em uma questão, tarefa ou problema altamente motivador e envolvente, para ensinar conteúdos acadêmicos aos alunos no contexto do trabalho cooperativo para a resolução de problemas.

Portanto, ao adotar a ABP, os projetos se tornam a espinha dorsal do processo de aprendizagem, proporcionando aos alunos a oportunidade de aplicar os conceitos teóricos da Física em situações reais e contextualizadas que consideram relevantes (RIBEIRO; FELIZARDO, 2017). Logo, essa abordagem envolve a aplicação de habilidades transversais, permitindo que os estudantes se engajem de forma ativa e colaborativa, assumindo o papel de investigadores, explorando questões complexas, encontrando soluções criativas e desenvolvendo uma postura crítica (BENDER, 2014).

A ABP é um tipo de metodologia ativa que valoriza a interdisciplinaridade, incentivando a conexão entre diferentes áreas do conhecimento e estimulando os alunos a desenvolverem uma visão holística e integrada do mundo. As metodologias ativas são aquelas que possibilitam o aprender a aprender, e o aprender fazendo; são, portanto, centradas no aluno. Tais metodologias são fundamentadas no princípio da pedagogia interativa e na concepção pedagógica crítica e reflexiva (CIPOLLA, 2016).

Essa autoiniciativa em aprender é importante, pois com a velocidade com que o conhecimento é produzido e transformado, bem como as competências exigidas no âmbito profissional vão se modificando, faz-se necessário atualizar-se com frequência. "Estamos numa sociedade marcada pela velocidade vertiginosa de inovações, ritmos de vida e de trocas de informação" (RIBEIRO; FELIZARDO, 2017, p. 3). Logo, a educação contemporânea deve implicar em estudantes capazes de autogerenciar seu processo de formação para que o conhecimento não se torne obsoleto (CIPOLLA, 2016).

Os objetivos da ABP são múltiplos. Além de fomentar a compreensão aprofundada dos conceitos de Física, a abordagem busca desenvolver a autonomia dos alunos, a capacidade de buscar e analisar informações, a habilidade de resolver problemas complexos e a criatividade na busca por soluções inovadoras. Almeja-se também que os estudantes possam aplicar os conhecimentos adquiridos em situações reais, despertando o interesse pela ciência e sua relevância no mundo contemporâneo.

Ao longo deste capítulo, exploraremos os fundamentos teóricos e práticos da ABP. Investigaremos os benefícios pedagógicos e cognitivos dessa abordagem, os desafios enfrentados na sua implementação e as estratégias para superá-los. Será possível perceber como essa metodologia desafia a tradicional transmissão de conhecimento e busca promover o desenvolvimento de habilidades práticas, pensamento crítico e resolução de problemas.

PRINCÍPIOS E FUNDAMENTAÇÃO TEÓRICA

Um dos princípios centrais da ABP é a relevância. Os alunos devem perceber o projeto como sendo pessoalmente significativo para eles, a fim de alcançarem o máximo de envolvimento na resolução do problema. Essa é uma característica definidora da ABP em comparação a outros projetos realizados na escola (BENDER, 2014).

Outro princípio é a autenticidade, que se refere à criação de projetos que reflitam tarefas e desafios autênticos enfrentados na área de estudo. Bender (2014) cita que quase todos os projetos de ABP estão focados nas questões ou problemas autênticos do mundo real. Este foco, em geral, aumenta a motivação dos alunos para participarem ativamente dos projetos. Além disso, estimula a aplicação de conhecimentos, fortalecendo a compreensão e tornando a aprendizagem mais significativa e duradoura.

A ABP também está alinhada a teorias de aprendizagem construtivistas. As teorias construtivistas (PIAGET, 1973; VYGOTSKY, 1978) enfatizam a construção ativa do conhecimento pelo aluno. Nobre et al. (2006) explicam que no construtivismo os indivíduos constroem o conhecimento por intermédio das interações com seu ambiente, e que a construção do conhecimento de cada indivíduo é diferente. Assim, através da condução das investigações, conversações ou atividades, um indivíduo está aprendendo a construir um conhecimento novo tendo como base seu conhecimento atual.

A seguir apresenta-se um resumo das contribuições dos principais autores que subsidiaram o surgimento e desenvolvimento da ABP.

Jean Piaget é um renomado psicólogo do desenvolvimento que contribuiu para a teoria construtivista. Essa visão destaca a importância da atividade construtiva do aluno no processo de aprendizagem, e está ligada a ABP, pois os projetos permitem que os alunos construam seu próprio entendimento ao investigar, explorar e resolver problemas complexos. Eles se tornam protagonistas de sua própria aprendizagem, construindo significados pessoais e desenvolvendo habilidades metacognitivas.

Lev Vygotsky é um psicólogo e educador conhecido pela teoria sociocultural. Ele enfatizou a importância do contexto social e da interação na aprendizagem. A interação social enriquece a aprendizagem, promovendo a construção conjunta de significados e o desenvolvimento de habilidades sociais (VYGOTSKY, 1978). Sua teoria relaciona-se com a ABP, já que por meio de projetos colaborativos, os alunos têm a oportunidade de compartilhar ideias, debater, negociar e construir conhecimentos coletivamente.

John Dewey (1859-1952) é um filósofo, psicólogo e educador norte-americano que defendia a relação da vida com a sociedade, dos meios com os fins e da teoria com a prática. Foi quem propôs inicialmente a metodologia de ensino por projeto por volta dos anos trinta, na abordagem da denominada Escola Nova. A pedagogia de Dewey apresenta muitos aspectos inovadores, distinguindo-se especialmente pela oposição à escola tradicional (VIEIRA, 2010). Ele afirmou: "Dê ao aluno algo para fazer, não algo para aprender; e a fazer é a atividade natural do aluno. Enquanto ele está ocupado fazendo, ele não estará se perguntando se está aprendendo ou não; ele estará tão ocupado aprendendo que não terá tempo para se preocupar com isso" (DEWEY, 1938, p. 46). Essa citação ressalta a importância da aprendizagem prática e baseada em experiências reais.

William Kilpatrick (1918-1952), educador e filósofo americano, discípulo de John Dewey, foi quem introduziu a ideia do Método do Projeto, no qual enfatiza que o currículo da escola deve retratar o interesse do estudante e a importância das atividades de resolução de problemas no processo educacional. Sua perspectiva influenciou a concepção da ABP, pois trouxe como diretiva: praticar o que queremos aprender, e experenciar o real na escola. O pensamento crítico evidencia-se na obra de Kilpatrick quando defende que é necessário reconhecer a mudança proporcionada pelo avanço da ciência como uma constante (KILPATRICK, 1978).

Seymour Papert é um educador e pesquisador conhecido por seu trabalho no campo da aprendizagem computacional. Em seu livro (PAPERT, 1980), ele aborda o poder do aprendizado por meio da construção e exploração ativa, no envolvimento dos alunos em experiências práticas e construtivas, conceitos que estão alinhados com os princípios da ABP.

David Jonassen é um pesquisador em tecnologia educacional que explorou a aprendizagem baseada em projetos e sua relação com as teorias de aprendizagem. Ele afirmou: "Aprendizagem baseada em projetos envolve a resolução de problemas complexos e autênticos, onde os alunos são desafiados a aplicar conhecimentos e habilidades em um contexto real, promovendo assim uma compreensão mais profunda e duradoura" (JONASSEN, 2011, p. 3). Essa citação destaca os benefícios e as características distintivas da ABP.

Esses são alguns dos principais autores que contribuíram para a compreensão da ABP e sua fundamentação teórica. Suas ideias e perspectivas fornecem *insights* valiosos sobre a abordagem e sua relação com as teorias de aprendizagem.

IMPLEMENTAÇÃO DE PROJETOS DE APRENDIZAGEM EM FÍSICA

A implementação de projetos de aprendizagem em Física é um processo envolvente e significativo que promove a construção ativa do conhecimento pelos alunos. Barcelos e Villani (2004) apresentam um guia esquemático para se ensinar pelo Método de Projeto, que se compõe de cinco etapas: a) sensibilização e viabilização do projeto, a partir da percepção de uma necessidade; b) elaboração do protótipo do projeto pelos professores e alunos; c) elaboração do projeto; d) implementação; e) avaliação da aprendizagem dos alunos e do projeto e elaboração final do relatório ou portfólio.

Behrens (2000) apresenta como sugestão a ser ampliada ou adaptada os seguintes momentos: a) apresentação e discussão de uma minuta de proposta que deve ser elaborada pelo professor; b) problematização do tema por meio de questões pertinentes e significativas; c) contextualização: buscar e localizar historicamente a temática; d) aulas teóricas e exploratórias sobre os conteúdos envolvidos na temática; e) pesquisa individual; f) produção individual: produção de um texto próprio (do aluno) sobre a problemática; g) discussão coletiva, crítica e reflexiva; h) produção coletiva; i) produção final (prática social); j) avaliação individual e coletiva do projeto realizada de maneira contínua, a partir dos critérios acordados inicialmente.

A partir da sugestão de etapas apresentadas, pode-se resumir a implementação da ABP no EF em três passos: definição de objetivos, seleção de tópicos e estruturação do projeto. O primeiro passo é estabelecer objetivos claros e específicos. Esses objetivos devem estar alinhados aos padrões curriculares e às metas de aprendizagem, destacando as habilidades, conceitos e competências que os alunos desenvolverão ao longo do projeto. Os objetivos devem ser desafiadores, porém alcançáveis, e devem fornecer uma direção clara para a criação do projeto.

Uma vez estabelecidos os objetivos, a seleção de tópicos é um passo crucial na implementação do projeto de aprendizagem em Física. Os tópicos devem ser relevantes e interessantes para os alunos, despertando sua curiosidade e motivação intrínseca. Eles podem ser selecionados com base em problemas do mundo real, fenômenos físicos intrigantes ou questões científicas atuais. É importante considerar a conexão entre os tópicos escolhidos e os objetivos de aprendizagem, garantindo que eles proporcionem oportunidades significativas para os alunos explorarem os conceitos e aplicarem seus conhecimentos.

Nesta direção, Hernández (1998) considera a escolha do tema um dos momentos mais decisivos. Para estes autores, o tema deve possibilitar a criação de novos conhecimentos, permitindo estruturar diferentes tipos de conteúdo: conceitos, procedimentos, princípios. Para Vieira (2010), é fundamental que a questão a ser pesquisada parta da curiosidade, das dúvidas, das indagações dos alunos, e não seja imposta pelo professor. Esta inversão de papéis pode ser muito significativa.

Com os objetivos definidos e os tópicos selecionados, o próximo passo é a estruturação do projeto. Isso envolve a definição de um contexto ou cenário para o projeto que possa envolver uma situação do mundo real, um desafio científico ou uma investigação científica. O projeto deve ser estruturado de forma a permitir que os alunos proponham perguntas, conduzam pesquisas, façam experimentos, analisem dados e apresentem suas descobertas. É importante fornecer um cronograma ou plano de atividades que oriente os alunos ao longo do processo, dividindo o projeto em etapas e estabelecendo marcos importantes.

Neste sentido, Cipolla (2016) destaca três aspectos relevantes que devem ser considerados pelo professor: o planejamento, a realização e as alternativas de avaliação de atividade. O planejamento de uma atividade, para que seja plena de êxito, passa pela criação do projeto a ser executado, pelas reuniões e discussões que devem se desenvolver ao longo do período de aula e também fora dela.

Durante a implementação do projeto, é fundamental que os alunos sejam orientados e apoiados pelos educadores, os quais desempenham um papel de facilitadores, fornecendo recursos, orientações, feedback e encorajamento. Eles devem, portanto, promover a colaboração entre os alunos, incentivando a troca de ideias e a discussão enquanto monitoram o progresso individual e coletivo. A reflexão e a metacognição devem ser incentivadas, permitindo que os alunos avaliem seu próprio aprendizado e ajustem suas abordagens conforme necessário. Ribeiro e Felizardo (2017) destacam que é responsabilidade do professor manter a individualidade do educando, ao mesmo tempo que deve visar o individualismo no processo ensino-aprendizagem.

Portanto, o papel do professor deixa de ser aquele que ensina apenas por meio da transmissão de informações – em que o centro do processo é a sua atuação –, para criar situações de aprendizagem cujo foco incide sobre as relações que se estabelecem neste processo (VIEIRA, 2010). Dessa forma, pode então dedicar-se à parte mais criativa, desempenhar o papel de orientador, de motivador de seus alunos na busca dos saberes, e de avaliador dos resultados (CIPOLLA, 2016).

Em vista disso, a vivência de um projeto aponta para uma relação entre necessidades e finalidades. Sendo que estas pressupõem liberdade de ação e o acesso a diferentes caminhos para a sua realização, não podendo ser ditadas (RIBEIRO; FELIZARDO, 2017).

Ao final do projeto, é importante que os alunos compartilhem suas descobertas e resultados de maneira significativa. Isso pode ser feito por meio de apresentações, relatórios, exposições ou outras formas criativas de comunicação. Os alunos devem ser incentivados a refletir sobre o processo de aprendizagem, as habilidades desenvolvidas e as conexões feitas com os conceitos físicos estudados.

BENEFÍCIOS DA APRENDIZAGEM BASEADA EM PROJETOS NO ENSINO DE FÍSICA

A ABP no EF oferece uma série de benefícios pedagógicos e cognitivos para os alunos. Um dos principais benefícios é o desenvolvimento de habilidades práticas. Ao trabalhar em projetos, eles desenvolvem a capacidade de usar instrumentos de laboratório, realizar medições precisas e analisar dados experimentais. A implementação de projetos de aprendizagem em Física proporciona aos alunos uma oportunidade única de se envolverem ativamente na construção do conhecimento científico. Por meio desses projetos, eles têm a chance de explorar conceitos físicos de maneira prática e significativa, aplicando suas habilidades e conhecimentos em situações reais.

Para o Ministério da Educação (BRASIL, 2007), a atividade com projetos apresenta várias vantagens, destacando-se: a) favorece a construção da autonomia e da autodisciplina por meio de situações criadas em sala de aula para reflexão, discussão, tomada de decisão, observância de combinados e críticas em torno do trabalho proporcionado ao aluno, tornando o sujeito do seu próprio conhecimento; b) traz um propósito à ação dos alunos; c) propõe ou encaminha soluções aos problemas levantados; d) desperta o desejo de conquista, iniciativa, investigação, criação e responsabilidade.

Além disso, a ABP estimula o pensamento crítico dos alunos. Como cita Cipolla (2016, p.14) "[...] permite o desenvolvimento de um senso de responsabilidade e espírito crítico, que, naturalmente, prepara o estudante para a vida futura, no desenvolvimento tanto social como profissional corporativo ou autônomo". Ou seja, essa abordagem promove a reflexão e a tomada de decisões informadas, incentivando os alunos a questionar, investigar, formular hipóteses, analisar informações e buscar respostas de maneira crítica.

A resolução de problemas é outro benefício significativo da ABP. Ao enfrentarem desafios autênticos e complexos, os alunos são incentivados a aplicar seus conhecimentos e habilidades para encontrar soluções. Eles desenvolvem a capacidade de identificar problemas, buscar diferentes abordagens, iterar e aprimorar suas soluções ao longo do processo. Isso fortalece sua capacidade de resolver problemas do mundo real, tanto dentro quanto fora do contexto da Física, bem como valoriza a criatividade como forma de gerir o desconhecido.

Além disso, a ABP promove o engajamento dos alunos, despertando seu interesse e curiosidade pelo assunto. De fato, isso resulta em altos níveis de envolvimento com o conteúdo acadêmico relacionado à resolução do problema ou à conclusão do projeto, assim como em níveis mais altos de desempenho acadêmico (BENDER, 2014). Ao trabalharem em projetos que são relevantes e significativos para eles e para o mundo ao seu redor, os alunos se sentem motivados a explorar, descobrir e construir conhecimento de forma ativa e autônoma, resultando em um aprendizado mais profundo e significativo.

Por fim, a ABP também promove a colaboração e a comunicação entre os alunos. Ao trabalharem em equipes, eles aprendem a compartilhar ideias, debater, ouvir perspectivas diferentes e resolver conflitos, negociar e colaborar para alcançar objetivos comuns, enquanto se comunicam de forma clara e persuasiva para apresentar seus resultados.

Nobre et al. (2006), ao aplicarem a ABP nos cursos de graduação e pós-graduação em Engenharia eletrônica e Computação, destacam alguns benefícios que foram obtidos: 1) habilidade de identificar os aspectos relevantes do problema, garantindo discussões oportunas e autoestudos dentro do contexto do projeto; 2) base de conhecimento suficiente para definir e administrar os problemas; 3) o reforço do desenvolvimento de um processo de raciocínio efetivo, incluindo a síntese; 4) a geração de hipóteses; 5) a avaliação crítica; 6) a análise dos dados; e 7) a tomada de decisão.

Em suma, a implementação de projetos de aprendizagem em Física oferece uma abordagem dinâmica e envolvente para o ensino, que capacita os alunos a se tornarem mais ativos no processo de aprendizagem, exploradores curiosos e solucionadores de problemas. Essa abordagem não apenas fortalece seus conhecimentos e habilidades em Física, mas também os prepara para enfrentar desafios do mundo real, promovendo o desenvolvimento de competências fundamentais para o sucesso acadêmico e profissional.

DESAFIOS E CONSIDERAÇÕES NA IMPLEMENTAÇÃO

A implementação da ABP pode apresentar desafios únicos para os educadores. Um dos desafios frequentes é o gerenciamento do tempo. Bender (2014) afirma que a aplicação da ABP pela primeira vez demanda um longo tempo para planejamento intensivo e pesquisas em várias fontes na internet antes de adotá-la em suas aulas. Além disso, a ABP pode demandar um período mais longo de tempo em comparação com abordagens tradicionais de ensino. Os projetos envolvem investigação, planejamento, execução e apresentação, o que pode estender o tempo necessário para concluir um determinado tópico.

Para superar esse desafio, é importante fazer um planejamento cuidadoso, dividindo o projeto em etapas e estabelecendo prazos realistas. Também é fundamental priorizar as habilidades e conceitos essenciais, garantindo que o tempo seja utilizado de forma eficiente.

A disponibilidade de recursos também pode ser um desafio na implementação da ABP. Projetos autênticos podem exigir materiais, equipamentos ou tecnologia específicos, que podem não estar prontamente disponíveis na escola. Nesse caso, é possível buscar parcerias com instituições locais, empresas ou utilizar recursos virtuais. Os professores também precisam adquirir certo grau de fluência no uso dessas ferramentas de ensino (BENDER, 2014). Além disso, é importante adaptar os projetos para utilizar os recursos disponíveis, explorando alternativas criativas que ainda permitam aos alunos obterem experiências significativas.

Outro desafio é a adaptação curricular. Kilpatrick propunha a transformação curricular não segmentada no saber disciplinar, defendendo os saberes em função da vivência de situações problemáticas (RIBEIRO; FELIZARDO, 2017). A implementação da ABP pode exigir ajustes na estrutura curricular existente. Pode ser necessário identificar onde e como os projetos se encaixam nos currículos e padrões estabelecidos, garantindo que os objetivos de aprendizagem sejam atingidos. Uma estratégia eficaz é buscar conexões entre os projetos e os tópicos curriculares, identificando como os projetos podem aprofundar e contextualizar o conteúdo tradicional. Isso ajuda a alinhar a aprendizagem baseada em projetos com as expectativas curriculares, fornecendo uma abordagem integrada.

No trabalho desenvolvido por Nobre et al. (2006), algumas dificuldades encontradas referem-se à inexperiência em trabalhar em grupo que, por vezes, prejudicou negociações e decisões relativas ao projeto, bem como a falta de líder ou a inabilidade de representar o grupo durante o processo de integração do protótipo.

Além dos desafios citados, é importante considerar a avaliação dos projetos, a qual deve ser autêntica e alinhada aos objetivos. Isso pode exigir a criação de critérios claros de avaliação que levem em consideração não apenas os resultados finais, mas também o processo de investigação e a participação ativa dos alunos. É fundamental fornecer *feedback* construtivo aos alunos para que possam refletir sobre seu trabalho e melhorar continuamente.

Hernández (1998) destaca três momentos distintos na avaliação: a avaliação inicial, para detectar o conhecimento e/ou a explicação dos alunos em relação ao tema; a avaliação formativa, que tem por finalidade orientar o processo do ensino, da aprendizagem e do projeto; e, por fim, a avaliação cumulativa ou recapitulativa, que acontece ainda no processo e permite aos professores reconhecerem a aprendizagem dos alunos e fazerem as devidas intervenções. Conforme Cipolla (2016), a avaliação pode ser feita durante todas as fases, considerando-se a participação de cada estudante, o comportamento individual e a interação do grupo, e a qualidade do trabalho final proposto e de sua apresentação final.

Ao enfrentar esses desafios comuns, é possível implementar com sucesso a ABP. A chave está no planejamento cuidadoso, na adaptação flexível e na busca de soluções criativas.

CONCLUSÕES

Neste capítulo, exploramos a implementação da ABP no EF, abordando a definição de objetivos, seleção de tópicos, estruturação do projeto e os benefícios pedagógicos e cognitivos dessa abordagem. Também discutimos os desafios comuns enfrentados na implementação e oferecemos sugestões para superá-los.

Constatou-se que tal abordagem proporciona aos alunos uma oportunidade enriquecedora de se envolverem ativamente no processo de aprendizagem, desenvolvendo habilidades práticas, pensamento crítico e resolução de problemas. Por meio de projetos autênticos e significativos, os alunos são incentivados a explorar conceitos físicos de maneira prática, aplicando seus conhecimentos em situações reais.

Ao implementar projetos de aprendizagem em Física, é essencial estabelecer objetivos claros, selecionar tópicos relevantes e estruturar o projeto de forma a permitir a participação ativa dos alunos. O papel do educador é fundamental como facilitador, orientando e apoiando os alunos ao longo do processo.

Apesar dos desafios que podem surgir, como o gerenciamento do tempo, a disponibilidade de recursos e a adaptação curricular, é possível superá-los por meio de um planejamento cuidadoso, criatividade e flexibilidade. A avaliação autêntica e a reflexão sobre o processo de aprendizagem também são elementos essenciais para o sucesso da implementação.

Ao concluir este capítulo, reconhecemos a importância da ABP no ensino de Física. Essa abordagem promove o engajamento dos alunos, o desenvolvimento de habilidades práticas e o aprofundamento dos conceitos físicos. Além disso, prepara os alunos para enfrentar os desafios do mundo real e desenvolver competências essenciais para o século XXI.

AGRADECIMENTO

O presente trabalho foi realizado com apoio do Conselho Nacional de Desenvolvimento Científico e Tecnológico (CNPq).

REFERÊNCIAS

BARCELOS, N. N. S.; VILLANI, A. **Método de projeto como atividade de ensino na Formação/aprendizagem docente.** IV Encontro Nacional De Pesquisa Em Educação Em Ciências, Bauru, SP, 2004.

BEHRENS, Marilda Aparecida; JOSÉ, Eliane Mara Age. Aprendizagem por projetos e os contratos didáticos. **Revista Diálogo Educacional**, Curitiba(PR), v. 2, n. 3, p. 76-96, jan./jun. 2001.

BENDER, W. N. **Aprendizagem baseada em projetos: educação diferenciada para o século XXI**. Porto Alegre, Editora Penso, 2014.

BRASIL, **Ministério da Educação.** Projetos integrando mídias impressas. Brasília (DF), 2007.

CIPOLLA, L. E. **Resenha de livros.** "Aprendizagem baseada em projetos: A educação diferenciada para o século xxi"; Porto alegre: penso, 2015. Escrito por william n. Bender. Editora Científica: Claudia Stadtlober. DOI 10.13058/raep.2016.v17n3.440, 2016.

DEWEY, J. **Experience and Education.** Nova York, NY: Simon & Schuster, 1938.

HERNÁNDEZ, F. **Transgressão e mudança na educação: Os projetos de trabalho.** Barcelona - Porto Alegre-RS: ArtMed.,1998.

JONASSEN, D. H.. **Computers as Mindtools for Schools: Engaging Critical Thinking.** New Jersey, NJ: Prentice-Hall, 2000.

KILPATRICK, William Heard. **Educação para uma civilização em mudança.** 16. ed. São Paulo: Melhoramentos, 1978.

NOBRE, J. C. S.; LOUBACH, D. S.; CUNHA, A. M.; DIAS, L. A. V. Aprendizagem Baseada em Projeto (Project-Based Learning – PBL) aplicada a software embarcado e de tempo real. **XVII Simpósio Brasileiro de Informática na Educação** – SBIE – UNB/UCB, 2006.

PAPERT, S. **Mindstorms: Children, Computers, and Powerful Ideas.** Nova York, NY: Basic Books, 1980.

PIAGET, J. **To Understand is to Invent: The Future of Education.** Nova York, NY: Grossman Publishers, 1973.

RIBEIRO, E. J.; FELIZARDO, S. A. Revisitando W. Kilpatrick e seus contributos visionários para a pedagogia na atualidade. **Revista De Estudios E Investigación En Psicología Y Educación**, eISSN: 2386-7418, Vol. Extr., No. 06, 2017.

VIEIRA, J. de A. Aprendizagem por projetos na educação superior: posições, tendências e possibilidades. **Travessias**, Cascavel, v. 2, n. 3, p. e3115, 2010. Disponível em: https://erevista.unioeste.br/index.php/travessias/article/view/3115.

VYGOTSKY, L. S. **Mind in Society: The Development of Higher Psychological Processes.** Cambridge, MA: Harvard University Press, 1978.

CAPÍTULO 3

A SEQUÊNCIA DIDÁTICA 6C/PCMA E APRENDIZAGEM BASEADA EM PROJETOS: POSSÍVEIS MODELOS DE INTEGRAÇÃO

Antônio de Lisboa Coutinho Júnior
Gilvandenys Leite Sales
Sandro César Silveira Jucá

RESUMO:

O presente texto possui foco teórico, onde serão apresentados conceitos fundamentais de uma Sequência Didática para o ensino. Assim como, a estrutura e os componentes da sequência 6C/PCMA, desenvolvida por Sales em 2005. O significado de uma Metodologia Ativa de Aprendizagem e, em particular, a metodologia: Aprendizagem Baseada em Projetos (ABProj), como também sua origem, características e atributos. Posteriormente, através de uma visão geral, serão abordadas quatro estratégias que possuem indícios que podem permitir a integração entre a 6C/PCMA e a ABProj de forma factível e fundamentada, sendo: as Competências e Habilidades existentes na BNCC e/ou aquelas concebidas pelo pesquisador Philippe Perrenoud, as rubricas avaliativas escolares, a Taxonomia de Bloom de Benjamin S. Bloom em sua versão revisada por Anderson e Andrew Churches e a Tipologia de Conteúdo de Antoni Zabala. Por fim, um conjunto de instrumentos colaborativos e de apoio didático, úteis para integração, também serão sugeridos como forma de suporte para pesquisadores, professores e alunos.

Palavras-chave: Sequência Didática, 6C/PCMA, Metodologia Ativa.

INTRODUÇÃO

O ensino em nossa contemporaneidade sinaliza com certa clareza a necessidade de uma reestruturação didática dos conteúdos e das práticas em sala de aula, sejam as mesmas presenciais, híbridas ou a distância. Arquitetar percursos didáticos e aplicá-los ao planejamento de ensino representa um avanço na cultura educacional, contudo surgem neste âmbito discursões sobre qual abordagem melhor permitirá uma apropriada condução, bem como uma participação ativa dos alunos. Ademais, os denominados nativos digitais (PRENSKY, 2001), inseridos em uma Sociedade da Informação (TAKAHASHI, 2000), já dão sinais explícitos da necessidade de tratamentos diferenciados e personalizados, que requerem elementos motivadores e práticos no cotidiano escolar, para tanto é desejável que o educador seja instrumentalizado para melhor conduzir um percurso e/ou itinerário de ensino no espaço educativo, neste caso sugere-se o uso de uma sequência didática

Todavia, uma vez definida apropriadamente uma sequência de ensino é necessário agregar elementos que consubstanciem suas etapas. Tais fases devem conter componentes avaliativos bem definidos, uma abordagem que permita ações ativas, cooperativas e colaborativas dos alunos, instrumentos tecnológicos associados a um cenário experimental e comunicacional, e mais, uma base teórica e metodológica rigorosamente fundamentada.

Portanto no contexto do ensino de **Física** e demais **Ciências da Natureza (CdN)** entrever-se a necessidade de um estudo que aponte ou descrimine elementos de consolidação entre uma Sequência Didática (**SD**) e uma Metodologia Ativa (**MA**) ou Metodologia Ativa e Aprendizagem (**MAA**). Ademais, utilizando-se da Base Nacional Comum Curricular (**BNCC**) (BRASIL, 2018) como referencial, é prudente invocar uma de suas Competências norteadoras para amparar o desenvolvimento e a aplicação, em todos os segmentos, de iniciativas que fortaleçam o ensino. Para tanto, aponta-se a seguinte Competência:

> [...] utilizar e criar tecnologias digitais de informação e comunicação de forma crítica, significativa, reflexiva e ética nas diversas práticas sociais (incluindo as escolares) para se comunicar, acessar e disseminar informações, produzir conhecimentos, resolver problemas e

exercer protagonismo e autoria na vida pessoal e coletiva (BRASIL, 2018, p. 9).

Dessa forma, para responde certas indagações, tais como: O que uma sequência de ensino proporciona como melhoria em diferentes panorama educacionais? Porque aplicar uma sequência em conjunto com ações ativas do aluno? Quem ou o que melhor pode quantificar e qualificar uma articulação entre uma sequência e uma prática ativa de ensino? Como estruturar vínculos e/ou eixos que permitam uma convergência pedagógica resolutiva entre métodos ativos e um sequenciamento didático? Onde melhor, ou ainda, onde é possível obter-se resultados significativos? E mais: Quais instrumentos ou tecnologias permitem indicar soluções factíveis para analisar a associação de abordagens sequenciais e métodos ativos de ensino? Tais questionamentos fazem-se necessários, pois conforme encontramos em (SALES, et al., 2017), o jovem da contemporaneidade precisa de outros recursos que impulsione e estimule sua curiosidade. Para os autores:

> O jovem na atualidade não pode mais estar numa sala de aula com um professor de Física que faça uso de pincel e quadro apenas, mas do profissional que faça uso de metodologias ativas e das tecnologias digitais, como outros recursos didáticos, para a devida motivação de sua aula [...] (SALES, et al., 2017, p. 48).

Logo, com o cenário existente e tantas outras inquietações pertinentes ao contexto educativo, pressupõe-se no campo de ação a necessidade de um modelo – independente do panorama de ensino adotado – que acolha metodologicamente indicadores-chave, ou mesmo, especificadores que contenham em suas métricas: apontadores mensuráveis, atingíveis, relevantes e temporizáveis, i.e., aqueles em que possam ser definidos os tempos necessários para alcançar os resultados esperados ou desejados.

Por tudo isso, o texto esboçado, toma na conjuntura exposta, a inspiração e a referência para apontar e/ou idealizar um construto de unificação no ensino em **Física** e nas **CdN**, podendo o mesmo ser aplicado em demais área, tais como: Computação, Matemática, Mecatrônica, Robótica e Engenharia.

Com efeito, ao inicialmente exposto, alguns questionamentos ainda podem ser apontados, que sejam: Como conceber um modelo que unifique uma Sequência Didática a uma Metodológica Ativa aplicada nas modalidades presenciais, semipresenciais e a distância (*on-line*)? Que elementos são possíveis de categorização para compor adequadamente essa incorporação dentro de um contexto de ensino? E mais: Aglutinando as Tecnologias Digitais de Informação e Comunicação (**TDIC**) é plausível conceber soluções ideais para o processo de agregação da metodologia em consonância a sequência didática?

Tendo como base as indagações e os questionametos assinalados, a sequência didática **6C/PCMA** incorporada a Metodologia Ativa: Aprendizagem Baseada em Projetos (**ABProj**) proporciona um percurso exitoso para o ensino de **Física** e **CdN**, desde que possua indicadores e/ou moderados de associação.

Em face ao que foi pontuado, agregar uma Sequência Didática (**SD**) a abordagens ativas de ensino representa um olhar contemporâneo e não anacrônico as novas leituras educacionais, que hora apresentam-se ao educador em sua práxis de ensino e avaliação.

Por conseguinte, o texto exposto converte-se em um amplo e fecundo campo de estudo acadêmico na Educação, proporcionando e/ou permitindo ainda a inclusão de áreas afins, tais como, a *Cultura Maker* (HATCH, 2014), os enfoques CTS (Ciência Tecnologia e Sociedade) e STEM (*Science, Technology, Engineering, and Mathematics*, em tradução livre: Ciência, Tecnologia, Engenharia e Matemática), o conceito de e-Ciência (*e-Science*) conforme Ferreira (2018), dentre outros, além de fomentar aspectos relevantes a literacia científica na escola.

REFERENCIAL TEÓRICO

Durante o processo de ensino, conceber abordagens que sistematizem ou norteiem as etapas de organização, aplicação e avaliação de um conteúdo curricular permitem que o educador melhor fortaleça a sua condução e o acompanhamento dos educandos. Logo, torna-se necessária à utilização de uma estratégia de apoio e sustentação teórica, bem como procedimental. Para tanto a adoção de uma Sequência Didática (**SD**), conforme é definida por Dolz, Noverraz e Schneuwly (2004, p. 97) como sendo: "[...] sequência didática é um conjunto de atividades escolares organizadas, de maneira sistemática [...].", proporciona um caminho sólido e exitoso. Os autores, ainda na obra, modelam uma SD conforme a Figura 3.1.

Figura 3.1 – Modelagem de uma sequência didática

ESQUEMA DA SEQUÊNCIA DIDÁTICA

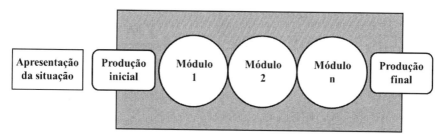

Fonte: Dolz, Noverraz e Schneuwly (2004, p. 98).

Não obstante, no âmbito do ensino de Física e CdN têm-se algumas proposições de SD, tais como: **UEPS** (Unidades de Ensino Potencialmente Significativas), abordado em Moreira (2016), sequência do professor de Física Dr. Marcos Antônio Moreira; **3MPs** (Três Momentos Pedagógicos), exposto por Muenchen e Delizoicov (2014), do professor de Física Dr. Demetrio Delizoicov e a **ISLE** (*Investigative Science Learning Environment*, em tradução livre: Ambiente de Aprendizagem Científica Investigativa) proposto por Etkina, Brookes e Planinsic (2019). Entretanto, no texto optou-se por adotar a abordagem denominada **Metodologia dos 6C** (SALES, 2005), ou somente **6C**, acrônimo indicativo de suas seis fases:

- Consolidação dos conhecimentos prévios (**1C**),
- Conscientização dos conflitos empíricos (**2C**),
- Constatação das concepções alternativas (**3C**),
- Comparação com teorias científicas (**4C**),
- Convergência para uma evolução conceitual (**5C**),
- Confirmação por meio de fórmulas (**6C**).

Na Figura 3.2 é ilustrada a disposição da sequência, conforme modelagem idealizada por seu autor.

Figura 3.2 – Modelo em círculo da 6C/PCMA

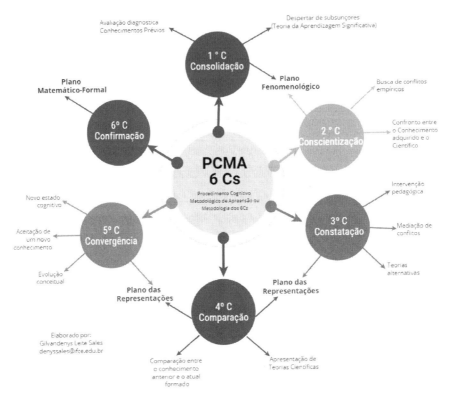

Fonte: Procedimento Cognitivo Metodológico de Apreensão (PCMA) ou Metodologia dos 6Cs. Disponível em: http://professordenyssales.blogspot.com/2019/05/metodologia-dos-6-cs-fundamentado-em.html.

Proposta por Sales (2005), aprofundada a posteriori em Sales (2011, 2014, 2019), e explorada por Silva et al. (2015), Santos (2017, 2019), Da Silva e Júnior (2019), Mourão (2020) e Coutinho Júnior (2021). A sequência possui sua gênese em texto dissertativo inicialmente sugerido para o ensino de Física Moderna e Contemporânea (**FMC**), no âmbito da Física Quântica. Contém em sua arquitetura influência de três autores: Alexander Medviediev, Juan Ignacio Pozo e Marco Antonio Moreira.

A sequência 6C é também denominada por **PCMA (Procedimento Cognitivo Metodológico de Apreensão)**, com base no entrecortado de textos das duas obras de Pozo (POZO; ECHEVERRÍA, 1998) e Pozo (2002), e o modelo de Mudança Conceitual sugerido por Moreira (MOREIRA;

GRECA, 2003). Sendo ainda constituída respectivamente por três planos divisionais, originalmente propostos por Medviedviev (GARNIER; BEDNARZ; ULANOVSKAYA, 1996, p. 169): Plano Fenomenológico, Plano das Representações Mentais e o Plano Aparato-Matemático-Formal.

Contudo, em 2019 ocorreu uma troca do termo "mudança conceitual" para "evolução conceitual" no quinto C, decorrente da revisão realizada pelo seu autor. Ademais a **6C/PCMA** possui como pressuposto teórico a Teoria da Aprendizagem Significativa (**TAS**) do educador e psicólogo David Ausubel, onde ferramentas metacognitivas, à exemplo dos Mapas Conceituais e o V Epistemológico de Gowin, podem ser aplicadas ao plano das representações mentais.

Decerto o educador ao apropria-se da SD apontada ver-se conduzido, pela própria natureza dinâmica da sequência, a alinhá-la a ações ativas por parte dos seus alunos. Por essa razão, requisita-se o uso de uma Metodologia Ativa (**MA**), que pode ser definida como sendo: "[...] estratégias de ensino centradas na participação efetiva dos estudantes na construção do processo de aprendizagem, de forma flexível, interligada e híbrida" (BACICH; MORAN, 2018, p. 4).

Não obstante, modelos disruptivos encontram-se progressivamente sendo incorporados aos currículos, planejamentos e práticas educacionais. Aulas com um dinamismo diferenciado dos moldes tradicionais encontram-se presentes do ensino básico aos cursos superiores. Assim sendo, as **MA** apresentam-se como estratégias transitórias e emancipadoras para tais educadores.

Soma-se a isso, dentro do universo das **MA** coexistem uma diversidade de abordagens, das quais destacam-se proeminentemente: Aprendizagem Baseada em Problemas (ABProb) (BARROWS; TAMBLYN, 1980), Instrução por Pares (*Peer Instruction – PI*) do professor PHD. Eric Mazur (MAZUR, 2015), Ensino sob Medida (*Just-in-time teaching – JiTT*) (NOVAK, et al., 1998), Método dos Trezentos (M300) (FRAGELLI, 2018), etc.

No presente texto selecionou-se como estratégia de **MA** a denominada Aprendizagem Baseada em Projetos (**ABProj**), tornando-se componente--chave para execução da integração: '**SD + MA**'.

A abordagem de projetos possui sua origem nas ideias propagadas por John Dewey e no artigo seminal publicado em 1918 pela *Columbia University*:

"The Project method: The Use of the Purposeful Act in the Educative Process" ("O método do projeto: o uso da ação intencional no processo educativo", em tradução livre) (KILPATRICK, 1918), bem como em outros dois publicados em 1921: *"Dangers and Difficulties of the Project Method and How to Overcome Them: Introductory Statement and Definition of Terms"* e *"Dangers and Difficulties of the Project Method and How to Overcome Them: A Review and Summary"*, do educador William Heard Kilpatrick, pedagogo americano, considerado verdadeiramente o "pai" da metodologia, aluno de Doutorado e, posteriormente, discípulo de Dewey.

A ABProj notabiliza-se atualmente com um viés associado as Tecnologias Digitais, conforme aponta o professor William N. Bender, atual articulador e propagador dessa **MA**. Para Bender (2015) a aprendizagem por projeto pode ser denominada como sendo:

> Aprendizagem Baseada em Projeto (ABP) é um modelo de ensino que consiste em permitir que os alunos confrontem as questões e os problemas do mundo real que consideram significativos, determinando como abordá-los e, então, agindo de forma cooperativa em busca de soluções (BENDER, 2015, p. 19).

Por sua vez, Bender, em linhas gerais, categorizou nove *Características* (BENDER, 2015, p. 32) da abordagem, onde tem-se: 1ª – Âncora de Projeto, 2ª – Questão Motriz, 3ª – Voz e escolha dos alunos, 4ª – Processos específicos para investigação e pesquisa, 5ª – Investigação e inovação dos alunos, 6ª – Cooperação e trabalho em equipe, 7ª – Oportunidades para a reflexão, 8ª – Devolutiva (*feedback*) e revisão, 9ª – Apresentações públicas dos resultados dos projetos. Na Figura 3.3 apresenta-se a concepção de um possível cenário, ainda de forma conceitual.

Figura 3.3 – Características da ABProj.

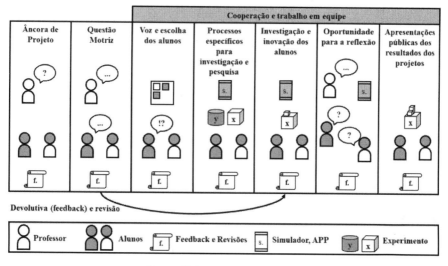

Fonte: Elaboração própria, 2023.

Corroborando com Bender têm-se ainda o *Buck Institute for Educatiob* (BUCK, 2008, p. 18) que distingue, em manual desenvolvido para educadores, um conjunto de *Atributos* que dialogam simpaticamente com as *Características* elencadas anteriormente, constituindo-se por:

a) Reconhecem o impulso para aprender,

b) Envolvem os alunos nos conceitos e princípios centrais de uma disciplina,

c) Destacam questões provocativas,

d) Requerem a utilização de ferramentas e habilidades essenciais,

e) Especificam produtos que resolvem problemas,

f) Incluem múltiplos produtos que permitem feedback frequente,

g) Utilizam avaliações baseadas em desempenho e

h) Estimulam alguma forma de cooperação.

Portanto ao observar o *Atributo* 'g' torna-se indissociável a idealização ou a formulação de indicadores e/ou descritores avaliativas que possam constituir eixos ou elementos integradores para o processo de aplicação da sequência **6C/PCMA** (dentro do **Plano das Representações Mentais**) em conjunto com a metodologia ABProj, tornando-se fundamental retratar tais componentes de forma que sejam também predispostos ao modelo de aulas presenciais, híbridas e a distância.

Componentes de integração

Uma vez definida a **SD** e a **MA**, faz-se necessário ao item 'g' abordagens que fundamentem não somente o processo avaliativo, mas também de acompanhamento e personalização do ensino. Tem-se, dessa forma, as seguintes heurísticas como condições e/ou proposições de integração. Cabendo ao professor, pesquisador, gestor e/ou consultor a seleção daquela que melhor seja pertinente. Assinala-se, não sendo em definitivo, as únicas propícias a estudos e pesquisas acadêmicas, contudo as mesmas já somam um quadro teórico rico em conceitos didáticos e pedagógicos para o ensino e a aprendizagem. Abaixo listam-se algumas delas:

- **Competências e Habilidade**, de Philippe Perrenoud (PERRENOUD, 1998, 2000), utilizadas em Base Nacional Comum Curricular (BNCC).

- **Rubricas Avaliativas** (HILLEGAS,1912) e, em nossa contemporaneidade (STEVENS; LEVI, 2005), (ARCEO, 2006) e (RUSSELL; AIRASIAN, 2012).

- **Taxonomia de Bloom**, de Benjamin S. Bloom (BLOOM, 1956).

- **Tipologia dos Conteúdos**, por Antoni Zabala (ZABALA, 1998).

Por conseguinte, é diante desse contexto, que a articulação entre a **6C/PCMA** e a Aprendizagem Baseada em Projetos pode inicialmente ocorrer. Pois no âmbito das **Competências e Habilidades** de Philippe Perrenoud ou da **BNCC**, conforme o Quadro 3.1, tem-se as dez Competências indicas por ambos. Em um possível cenário desenhado, é permissível conexões que levem em consideração a **PP-2** e a **BNCC-2**, bem como projetos tecnológicos entre a **PP-8** e a **BNCC-5**.

Quadro 3.1 – Competências e Habilidades.

Philippe Perrenoud	BNCC
PP-1. Organizar e dirigir situações de aprendizagem PP-2. Administrar a progressão das aprendizagens PP-3. Conceber e fazer evoluir os dispositivos de diferenciação PP-4. Envolver os alunos em suas aprendizagens e em seu trabalho PP-5. Trabalhar em equipe PP-6. Participar da administração da escola PP-7. Informar e envolver os pais PP-8. Utilizar novas tecnologias PP-9. Enfrentar os deveres e os dilemas éticos da profissão PP-10. Administrar sua própria formação continua	BNCC-1. Conhecimento BNCC-2. Pensamento Científico, Crítico e Criativo BNCC-3. Repertório Cultura BNCC-4. Comunicação BNCC-5. Cultura Digital BNCC-6. Trabalho e Projeto de Vida BNCC-7. Argumentação BNCC-8. Autoconhecimento e Autocuidado BNCC-9. Empatia e Cooperação BNCC-10. Responsabilidade e Cidadania
Fonte: PERRENOUD, Philippe. Dez novas competências para ensinar. Porto Alegre. Artmed editora, 2000.	Fonte: BRASIL. Ministério da Educação. Base Nacional Comum Curricular. Brasília, 2018.

Em seguida, ainda com relação a esse conjunto de opções, o professor pode valer-se do instrumento de **Rubricas Avaliativas** (ARCEO, 2006), quando estas podem ser desenvolvidas tanto pelo educador, quanto pelos alunos ou ainda por ambos, em formato colaborativo. Tais rubricas podem ser organizadas de duas formas: Rubricas Holísticas e Rubricas Analíticas. No Quadro 3.2 são apresentados os dois modelos.

Quadro 3.2 – Tipos de rubricas.

Rubricas holísticas		Rubricas analíticas	
Denominação da rubrica		Denominação da rubrica	
Score	**Descritores**		**Níveis/Classes de desempenho**
1	Texto avaliativo do descritor	**Dimensões para avaliação**	Descritores/ Indicadores de desempenho
2	Texto avaliativo do descritor		
3	Texto avaliativo do descritor		
4	Texto avaliativo do descritor		

Fonte Elaboração própria, 2023.

Em particular, no ensino de **Física** e **Ciências da Natureza,** sugere-se o modelo proposto por Arceo (2006), onde a estudiosa incluir elementos tanto quantitativos, quanto qualitativo. Ademais tal matriz (Quadro 3.3) permite uma visão, por completo, dos elementos avaliativos, por parte dos alunos, professores e gestores escolares, bem como por pesquisadores.

Quadro 3.3 – Rubrica para avaliação de uma situação instrucional.

Criterios	Novato	Aprendiz	Profesional	Experto
Autenticidad **30%**	El contenido y las habilidades por aprender en esta tarea permiten su empleo ulterior sólo en contextos escolares. **(.30 x 1) 3 pts**	El contenido y las habilidades se encuentran de alguna manera conectadas con la vida en entomos que van más allá de la escuela. **(.30 x 2) 6 pts**	El contenido y las habilidades se encuentran claramente conectadas con la vida más allá de la escuela, asi como con el ámbito laboral. **(.30 x 3) 9 pts**	El contenido y las habilidades de esta tarea tienen una alta relevancia social y se conectan de inmediato con la vida actual de los alumnos. **(.30 x 4) 12 pts**
Apertura del problema **20%**	La tarea tiene sólo una respuesta correcta posible. **(.20 x 1) 2 pts**	La tarea permite un espacio limitado para diferentes enfoques **(.20 x 2) 4 pts**	La tarea permite Riferentes enfoques basados en el mismo contenido y habilidades. **(.20 x 3) 6 pts**	La tarea permite a los estLldiantes seleccionar diferentes formas de resolverla. **(.20 x 4) 8 pts**
Complejidad **25%**	La tarea promueve diferentes habilidades, la mayoria de bajo nível. **(.25 x 2) 2.5 pts**	La tarea promueve um espacio limitado para diferentes enfoques. **(.25 x 2) 5 pts**	La tarea promueve muchas habilidades y contenidos diversos, incluso pensamiento de alto nivel. **(.25 x 2) 7.5 pts**	La tarea promueve muchas habilidades y contenidos diversos, incluso pensamiento de alto nivel. La tarea ofrece a los alLlmnosla oportunidad de seleccionar algunos contenidos y habilidades. **(.25 x 2) 10 pts**
Relación con el currículo **25%**	La tarea sólo se relaciona cercanamente con las habilidades clave y los contenidos principales del curriculo. **(.25 x 2) 2.5 pts**	La tarea se relaciona estrechamente con las habilidades clave y los contenidos principalesdel currículo. **(.25 x 2) 5 pts**	La tarea se relaciona estrechamente con las habilidades clave y los contenidos principales del curriculo. La estructura, tiempo y alcance de la tarea son equiparables a los del currículo. **(.25 x 2) 7.5 pts**	Además de los estándares establecidos en el currlculo, se consideran los estándares profesionales y/o los relativos a la preparación para el campo laboral. **(.25 x 2) 10 pts**

Fonte: Arceo (2006, p. 147)

Outra opção de integração encontra-se no uso da Taxonomia de Benjamim S. Bloom, ou simplesmente da **Taxonomia de Bloom** (BLOOM, 1956), desenhada em 1956. No Quadro 3.4 observa-se que os autores Ferraz e Belhot (2010), conceberam um instrumento que contempla as Dimensões do Conhecimento, bem como as Dimensões do Processo Cognitivo, conforme modelo de (ANDERSON, L. W. et. al), que pode contribuir para sistematização da união.

A utilização da Taxonomia permite ao educador dialogar ainda com estudos contemporâneos que apontam para a Taxonomia da Era Digital de Churches (2009), apontando para o uso da TDIC.

Quadro 3.4 – Matriz para acompanhamento da Taxonomia de Bloom

Dimensão Conhecimento	Dimensão Processo Cognitivo					
	Lembrar	Entender	Aplicar	Analisar	Avaliar	Criar
Efetivo/ Factual	Objetivo 1					Objetivo 3
Conceitual/ Princípios		Objetivo 1	Objetivo 3	Objetivo 4		
Procedural				Objetivo 4	Objetivo 5	
Metacognitivo				Objetivo 4	Objetivo 5	
	Conhecimento		Competência		Habilidade	

Fonte: FERRAZ e BELHOT (2010, p. 430) e ANDERSON, L. W. et. al (2001, p. 28 e 32).

Por fim, tem-se o uso da **Tipologia dos Conteúdos** indicada por Antoni Zabala (ZABALA, 2018). Nesta obra o autor sugere uma abordagem constituída pela aprendizagem através das seguintes dimensões: Factual, Conceitual, Procedimental e Atitudinal. Zabala também define uma SD como sendo: "[...] um conjunto de atividades ordenadas, estruturadas e articuladas para a realização de certos objetivos educacionais, quem têm um princípio e um fim conhecidos tanto pelos professores como pelos alunos", (ZABALA, 2018). No Quadro 3.5 são indicados quais componente são desejáveis nestas quatros dimensões:

Quadro 3.5 – Tipologia indicada por Zabala.

Conteúdo	Descrição
Conteúdos referentes a fatos	• **Apresentação**: motivação: sentido das atividades, atitude favorável, conhecimentos prévios, quantidade de informação adequada, apresentação em termos de funcionamento para os alunos. • **Compreensão dos conceitos associados**: significância dos conceitos associados. • **Exercitação**:estratégias de codificação e assimilação. • **Avaliação**:inicial, formativa, somativa.
Conteúdos referentes a conceitos	• **Apresentação**: motivação: sentido das atividades, atitude favorável: conhecimentos prévios, nível de abstração adequado, quantidade de informação adequada, apresentação em termos de funcionamento para os alunos. • **Elaboração**: funcionalidade de cada uma das atividades, atividade mental e conflito cognitivo, zona de desenvolvimento proximal, consciência do processo de elaboração. • **Construção**: conclusões, generalizações, resumo de ideias importantes, síntese que integra a nova informação com conhecimentos anteriores, consciência do processo de construção. • **Aplicação**: descontextualização. • **Exercitação**: estratégias de codificação e retenção. • **Avaliação**: inicial, formativa.
Conteúdos procedimentais	• **Apresentação**: motivação: sentido das atividades, atitude favorável, competência procedimental prévia, apresentação de modelos. • **Compreensão**:significatividade e funcionalidade, representação global do processo, verbalização, reflexão sobre ações. • **Processos de aplicação e exercitação**: regulação do processo de aprendizagem, práticas guiadas e ajudas, aplicação em contextos diferenciados, exercitações suficientes, progressivas e ordenadas. • **Avaliação**: inicial, formativa, somativa.
Conteúdos atitudinais	• **Apresentação**: motivação, atitude favorável, conhecimentos prévios. • **Proposta de modelos** • **Propostas de normas** • **Construção**: análise dos fatores positivos e negativos, tomada de posição, implicação afetiva, compromisso explícito. • **Aplicação**: conduta coerente. • **Avaliação**: inicial, formativa, somativa.

Fonte: adaptado de Zabala (2018, p. 80).

Tendo consciência das quadro abordagens apontadas. As escolham assinaladas permitem um amplo campo de estudo e investigação. Ambas possuem em seus contextos uma vasta literatura, tanto científica/acadêmica, quanto no âmbito da *literatura cinza*: relatórios, dossiês, resumos e demais documentos institucionais.

Por conseguinte, ao ser delimitada a abordagem integrativa, o educador deve compreender em profundidade as teorias e teóricos que fundamentam as mesmas e, após a necessária absorção dos conceitos, alguns componentes operativos devem ser desenvolvidos, levando-se em consideração os aspectos presenciais, híbridos e a distância, tais como:

- Uma Matriz de Desenho Instrucional (**Matriz DI**) (SALES, 2010), ferramenta indispensável em aulas híbridas e *on-line*.

- Um catálogo sistemático referente aos modelos adotados, que dialoguem entre a **SD** e **MA**.

- Um conjunto de práticas ou ainda projetos, quer sejam reais ou virtuais.

- Uma curadoria midiática, que sirva de complemento aos conteúdos abordados.

- Uma base de questões/exercícios que corroborem com a **SD**, bem como a **MA**.

- Um quadro sinóptico de devolutivas (*feedback*).

- Uma ficha organizacional da **SD**, contento as etapas.

Vale ressaltar que todos os instrumentos de apoio desenvolvidos podem ser complementados com recursos tecnológicos, tais como: simuladores, emuladores, ambiente gamificados, *APPs* em dispositivos móveis, atividades com materiais de baixo custo, uso de robótica e eletrônica pedagógica, astronomia ou o desenvolvimento de vídeos, *podcasts*, animações, ou ainda, a criação de programas de computador de forma colaborativa.

CONCLUSÃO

Em vista do exposto no texto, é plausível considerar que ao ser estabelecida a relação entre a **6C/PCMA** e a **ABProj**, um campo propício a várias conjecturas acadêmicas e científicas – no contexto da Educação – é apresentado. As duas abordagens permitem: **a)** fomentar novos conceitos teóricos, **b)** executar e/ou operacionalizar atividades de forma prática, **c)** desenvolver aparatos experimentais e pedagógicos e **d)** conceber dinâmicas diferenciadas de avaliação.

Ademais, com tais mecânicas é permitido: **i)** ao pesquisador, aprofundar estudos e a aplicação de uma diversidade de instrumentos de aprendizagem reais e virtuais; **ii)** ao professor, planejar conteúdos mais motivadores e desafiadores e **iii)** ao aluno, melhor compreender como deve caminhar seu aprendizado. Por fim, entende-se que todo o processo de integração siga de maneira informativa e dialógica para educadores e educandos.

REFERÊNCIAS

ANDERSON, L. W. et. al. **A taxonomy for learning, teaching and assessing: a revison of Bloom's Taxonomy of Educational Objectives**. Nova York: Addison Wesley Longman, 2001.

ARCEO, Frida Díaz-Barriga. **Enseñanza situada: vínculo entre la escuela y la vida**. McGraw-Hill, 2006.

BARROWS HS, TAMBLYM RM. **Problem-based learning: an approach to medical education**. New York: Springer Publishing Company; 1980

BACICH, L.; MORAN, J. **Metodologias ativas para uma educação inovadora: uma abordagem teórico-prática**. Porto Alegre: Penso Editora, 2018.

BENDER, W. N. **Aprendizagem baseada em projetos: educação diferenciada para o século XXI**. Porto Alegre: Penso Editora, 2015.

BLOOM, B. S. **Taxonomy of educational objectives: The classification of educational goals. Handbook 1, cognitive domain**. New York: David McKay Company. 1956.

BRASIL, Ministério da Educação. **Base Nacional Comum Curricular (BNCC)**. Brasília: Ministério da Educação. 2018. Disponível em http://basenacionalcomum. mec.gov.br. Acesso: 07/03/2023.

BUCK, I. F. E. **Aprendizagem baseada em projetos: guia para professores de ensino fundamental e médio**. 2ª. ed. Porto Alegre: Artmed, 2008.

COUTINHO JUNIOR, Antonio de L. **Metodologias ativas no ensino remoto de acústica com apoio de uma sequência didática**. Dissertação (Mestrado) - IFCE. Campus Fortaleza, 2021.

CHURCHES, Andrew. **Bloom's digital taxonomy**. 01/04/2009. Disponível em: https://eduteka.icesi.edu.co/pdfdir/churches-blooms-digital-taxonomy-v3_01.pdf. Acesso: 07/03/2023.

DA SILVA, João Batista; JÚNIOR, José Ademir Damasceno. **Procedimento Cognitivo Metodológico de Apreensão: uma sequência didática para ensino de física**. Saberes e Práticas no Ensino de Ciências e Matemática, p. 56. V 9. N 3. 2019.

DOLZ, J.; NOVERRAZ, M.; SCHNEUWLY, B. **Sequências didáticas para o oral e para o escrito: apresentação de um procedimento**. Pp. 95 – 128. In.: SCHNEUWLY, B.; DOLZ, J. Gêneros orais e escritos na escola. Campinas, SP: Mercado de Letras, 2004.

ETKINA, Eugenia; BROOKES, David T.; PLANINSIC, Gorazd. Investigative **Science learning environment**. Morgan & Claypool Publishers, 2019.

FERREIRA, V. B. **E-science e políticas públicas para ciência, tecnologia e inovação no Brasil**. SciELO Books / SciELO Livros / SciELO Libros. ed. Salvador: EDUFBA, 2018.

FERRAZ, Ana Paula do Carmo Marcheti; BELHOT, Renato Vairo. **Taxonomia de Bloom: revisão teórica e apresentação das adequações do instrumento para definição de objetivos instrucionais**. Gestão & produção, v. 17, p. 421-431, 2010.

FRAGELLI, Ricardo. **Método trezentos: Aprendizagem ativa e colaborativa, para além do conteúdo**. Penso Editora, 2018.

GARNIER, C.; BEDNARZ, N.; ULANOVSKAYA, I. **Após Vygotsky e Piaget: perspectiva social e construtivista escolas russas e ocidental**. Porto Alegre: Artes Médicas, 1996.

HATCH, M. **The Maker Movement Manifesto** - Rules For Innovation In The New World Of Crafters, Hackers, And Tinkerers. Version 1.0. ed. [S.l.]: McGraw-Hill Education eBooks, 2014.

HILLEGAS, Milo B. **A scale for the measurement of quality in English composition by young people**. Teachers College Record, v. 13, n. 4, p. 1-13, 1912.

KILPATRICK, William. **The project method: The use of proposeful act in the educative process.** Teachers college record, v. 19, n. 4, p. 319-335, 1918.

MAZUR, Eric. **Peer instruction: a revolução da aprendizagem ativa**. Penso Editora, 2015.

MOREIRA, M. A.; GRECA, I. M. **A Mudança Conceitual: análise crítica e propostas à luz da Teoria da Aprendizagem Significativa**. Ciência e Educação, Bauru, v. 9, n. 2, p. 301-315, 2003.

MOREIRA, M. A. **Unidade de Ensino Potencialmente Significativa**. Prof. Marco Antonio Moreira, Porto Alegre, 2016. Disponível: http://moreira.if.ufrgs.br/. Acesso em: 31 mar. 2023.

MOURÃO, M. F. **A influência da metodologia PCMA na aquisição de conceitos de Física Moderna: um estudo de caso com alunos do ensino médio no IFCE**. Dissertação (Mestrado) - Curso de Pós-Graduação em Ensino de Ciências e Matemática do Instituto Federal de Educação, Ciência e Tecnologia do Ceará, Fortaleza, 2020.

MUENCHEN, C.; DELIZOICOV, D. **Os três momentos pedagógicos e o contexto de produção do livro "Física"**. Ciência & Educação, Bauru, v. 20, n. 3, p. 617-638, 2014.

NOVAK, Gregor M. et. al. . **Just-in-Time Teaching: Blending Active Learning with Web Technology**. Published by Prentice Hall, Inc. 1998

PERRENOUD, Phillipe. **Avaliação: da excelência à regularização das aprendizagens: entre duas lógicas**. Porto Alegre, Artmed, 1998.

PERRENOUD, Philippe. **Dez novas competências para ensinar**. Artmed editora, 2000.

PRENSKY, M. **Nativos Digitais, Imigrantes Digitais** - Parte 2 (Tradução). On the horizon - NCB University Press, 2001.

POZO, J. I. **Teorias Cognitivas da Aprendizagem**. Tradução de Juan Acuña Llorens. 2ª. ed. Porto Alegre: Artmed, 2002.

POZO, J. I.; ECHEVERRÍA, M. D. P. P. **A solução de problemas: aprender a resolver, resolver para aprender**. Porto Alegre: Artmed, 1998.

RUSSELL, M., AIRASIAN, P. **Classroom Assessment: Concepts and Applications**. 7th Edition, McGraw-Hill, Columbus, OH. 2012.

SALES, G. L. QUANTUM: **Um Software para Aprendizagem dos Conceitos da Física Moderna e Contemporânea**. Dissertação (Mestrado) - Mestrado Integrado Profissional em Computação Aplicada do Centro de Ciências e Tecnologia, da Universidade Estadual do Ceará, Fortaleza, 2005.

SALES, G. L. **Learning Vectors (LV): um modelo de avaliação da aprendizagem em EaD online aplicando métricas não-lineares.** Tese (Doutorado) - UNIVERSIDADE FEDERAL DO CEARÁ CENTRO DE TECNOLOGIA PROGRAMA DE PÓS-GRADUAÇÃO EM ENGENHARIA DE TELEINFORMÁTICA. Ceará, Fortaleza, 2010.

SALES, G. L. **Competências tecno-pedagógicas para o ensino ciências.** Professor Denys Sales, 2011. Disponível: https://pt.slideshare.net/denyssales/competncias-tecnopedaggicasensinocincias. Acesso em: 31 Mar 2023.

SALES, G. L. **Metodologia para o ensino e a aprendizagem de ciências.** Professor Denys Sales, 2014. Disponível: https://pt.slideshare.net/denyssales/conemci-2014-ced-2014. Conferência Nacional de Educação Matemática e Ensino de Ciências - CONEMCI 2014, Sobral. Acesso em: 31 Mar 2023.

SALES, G. L. et al. **Gamificação e ensinagem híbrida na sala de aula de Física: metodologias ativas aplicadas aos espaços de aprendizagem e na prática docente.** Conexões-Ciência e Tecnologia, Fortaleza, v. 11, n. 2, p. 45 - 52, jul. 2017.

SALES, G.L. **Procedimento Cognitivo Metodológico de Apreensão ou Metodologia dos 6Cs.** Professor Denys Sales, 2019. Disponível: http://professordenyssales. blogspot.com/2019/05/metodologia-dos-6-csfundamentadoem.html. Acesso em: 31 Mar 2023.

SANTOS, R. L. D. **Aplicação de uma metodologia envolvendo Mudanças Conceituais no ensino de Física Moderna e Contemporânea.** Dissertação (Mestrado) - Curso de PósGraduação em Ensino de Ciências e Matemática do Instituto Federal de Educação, Ciência e Tecnologia do Ceará, Fortaleza, 2017.

SANTOS, G. et al. **Sequência de ensino investigativa para o ensino da lei de Hooke e movimento harmônico simples: uso do aplicativo Phyphox, o simulador Phet e GIF's.** Phyphox, o simulador Phet e GIF's, v. 31, n. 2, p. 91-108, 2019.

STEVENS, Dannelle D.; LEVI, Antonia J. **Introduction to rubrics: An assessment tool to save grading time, convey effective feedback, and promote student learning.** Stylus Publishing, LLC, 2005.

SILVA, J. B. D. et al. **Mudança Conceitual em Óptica Geométrica facilitada pelo uso de TDIC.** CBIE-LACLO - Anais do XXI Workshop de Informática na Escola (WIE 2015). Anais [...]. , Maceió, p. 1-17, 2015.

TAKAHASHI, Tadao. **Sociedade da informação no Brasil: Livro Verde.** Ministério da Ciência e Tecnologia (MCT), 2000.

ZABALA, Antoni. **A prática educativa: como ensinar**. Trad. Ernani F. da Rosa. Penso Editora, 1998.

CAPÍTULO 4

SEQUÊNCIA DE ENSINO POR INVESTIGAÇÃO SIGNIFICATIVA NO ESTUDO DAS RELAÇÕES ENTRE FÍSICA E MÚSICA EM ATIVIDADES EXPERIMENTAIS ENVOLVENDO O OSCILADOR DE MELDE

Joel Vieira de Araújo Filho
Francisco Nairon Monteiro Júnior

RESUMO

A presente pesquisa resulta das inquietações nascidas na práxis pedagógica no ensino médio e consiste num relato de experiência da construção de uma Sequência de Ensino por Investigação (SEI) significativa no estudo das cordas oscilantes fixas de instrumentos musicais, notadamente o violão, aplicada na Escola de Referência em Ensino Médio (EREM) Olinto Victor, Recife-PE, em abril de 2018. A experiência vivenciada apontou a viabilidade na busca da aprendizagem significativa no contexto das cordas vibrantes, bem como a importância dos organizadores prévios como motivadores da busca de conhecimentos novos. Apontou ainda a importância da fase de problematização como geradora de inquietações nos alunos e ainda a importância do trabalho experimental em grupo na passagem da representação abstrata do conhecimento à manipulação de conceitos e variáveis, indicando que atividades manipulativas têm sua importância quando o manipulador do aparato tem consciência de seus atos ao realizar o experimento.

Palavras-chave: Sequência de Ensino. Física e Música. Atividades experimentais.

INTRODUÇÃO

Desde muito cedo nos interessamos por ciência, por descobrir o que há no mundo que o torna como é. Toda criança faz perguntas aos adultos que até impressionam. As crianças têm uma imaginação, uma curiosidade que é linda, inerente a elas próprias. Em tudo mexem. Correm, saltam, quebram, rabiscam paredes, quadros... E agora, em nosso novo mundo tecnológico, aprendem muito rapidamente a manipular aparelhos complexos, como *tablets* e *smartfones*. Sabem baixar aplicativos de jogos, ver vídeos, conversar em redes sociais... São motivadas a aprenderem ciência sem saber, intuitivamente, sem ter consciência de que o que estão fazendo advém do mundo científico. Por outro lado, nos anos finais do ensino básico, essa curiosidade, essa alegria em aprender ciência, essa motivação, parece que se perdem. Mas, o que houve? Como nos diz Pozo e Crespo (2009, p. 15),

> Espalha-se entre os professores de ciências, especialmente nos anos finais do ensino fundamental e do ensino médio, uma crescente sensação de desassossego, de frustração, ao comprovar o limitado sucesso de seus esforços docentes. Aparentemente, os alunos aprendem cada vez menos e tem menos interesse pelo que aprendem. Essa crise da educação científica, que se manifesta não só nas salas de aula, mas também nos resultados da pesquisa em didática das ciências [..].

Sempre nos incomodou, durante nossos anos de prática em ensino de física, problemas tais como motivação dos alunos, transposição didática dos conteúdos, matematização excessiva e baixo rendimento escolar na área de ensino das ciências da natureza – física, química e biologia. No início de nossa docência, há aproximadamente 18 anos, praticávamos o mesmo processo que nos foi imposto: ciência descontextualizada, matematizada, "decorativa" e de alto índice de reprovação e rejeição entre os alunos. E isso nos incomodou. Por que os alunos não gostam de física? Por que não conseguem aprender conceitos que possuem relação direta com suas experiências cotidianas? Eram alguns de nossos questionamentos. Não sabíamos que alienadamente estávamos apenas reproduzindo uma educação opressora, de visão elitista e bancária. Estávamos apenas narrando conteúdos, de forma estática e de alta subjetividade. E nossas avaliações eram memoristas, como o saque de um depósito que fora feito durante as aulas. Produzíamos e reproduzíamos, assim, uma educação somática, em que a palavra do professor é lei a ser copiada e seguida. Como nos fala Freire (1994, p. 33),

> A narração, de que o educador é o sujeito, conduz os educandos à memorização mecânica do conteúdo narrado. Mais ainda, a narração os transforma em "vasilhas", em recipientes a serem "enchidos" pelo educador. Quanto mais vá "enchendo" os recipientes com seus "depósitos", tanto melhor educador será. Quanto mais se deixem docilmente "encher", tanto melhores educandos serão.

Durante o mestrado, encontramos na teoria cognitiva da aprendizagem significativa e na metodologia de ensino por investigação em ciências uma promissora dupla teoria-método capaz de trazer significado à aprendizagem de conceitos em física, com ativa participação dos alunos e alfabetização cientifica cidadã. Logo, começamos a pesquisa artigos, teses e livros sobre aprendizagem significativa e ensino por investigação. Zompero e Laburú (2010, p.18) nos mostra, em um artigo de 2010, publicado na Revista Eletrónica de Investigación en Educación en Ciencias, que a

> [...] aprendizagem significativa, a qual se relaciona em muitos aspectos com as idéias da metodologia de investigação no ensino de ciências. Os aspectos em que tal aproximação pode ser evidenciados são o engajamento dos estudantes; a resolução do problema, para os quais os alunos deverão mobilizar conhecimentos da experiência adquirida; a emissão de hipóteses nas quais é possível a identificação dos conhecimentos prévios dos alunos, bem como a possibilidade que as atividades proporcionem aos estudantes reorganizarem seus conhecimentos na estrutura cognitiva, ao tomarem contato com novas fontes de informações.

Observamos, durante nossos estudos, que conceitos como frequência, comprimento de onda, amplitude, volume e intensidade do som, além da relação do som com a matemática, como as frações na escala pitagórica ou progressões geométricas na escala temperada, podem ser significativamente exploradas por meio do estudo das cordas oscilantes fixas em instrumentos musicais. Para isso, tivemos o violão como incentivador dos estudos, e desenvolvemos uma nova montagem de um aparato desenvolvido em meados do século XIX para o estudo de ondas estacionárias, o oscilador de Melde. Fizemos uma nova roupagem do aparato, mais moderna, usando aplicativo de celular, que pode ser adaptada às pesquisas de várias variáveis em ondulatória e acústica musical, além de ser de fácil manipulação pelos estudantes. Com isso, objetivamos um estudo consciente, motivador e significativo de conceitos em ondulatória e acústica musical, principalmente os que apresentam cordas oscilantes fixas em instrumentos musicais, inicialmente o violão, mas que possa se estender a outros instrumentos, como o berimbau, que é um instrumento importante para a cultura brasileira. Pensamos em uma aula mais participativa, centrada no estudante, de livre debate de ideias, além de motivar o estudante a maior pesquisa, aprofundando seus conhecimentos, tornando-os capazes de tomarem decisões conscientes sobre políticas econômico-sociais que dependam do desenvolvimento científico-tecnológico. A motivação em aprender, em buscar saber mais, de forma significativa, pode ser um dos caminhos para uma sociedade mais democrática e consciente. O estudo motivador, inovador, significativo e crítico das cordas oscilantes fixas em música pode ser uma porta aberta à possibilidade de abrir a mente do estudante a novas possibilidades, de ser capaz de ler o mundo em uma sociedade que está em constante mudança, como alternativa a um ensino que mais se assemelha a uma 'ilha' de conhecimento, de conteúdos prontos, fixos. Como afirma Fourez (2003, p.122),

> Quando se defende a tese de que os cursos de ciências devem tornar os alunos capazes de ler o seu mundo, fica-se facilmente exposto à censura por deixá-los em sua bolha e sua pequena sociedade, enquanto que seria necessário, ao contrário, abri-los a todo o universo, à grande sociedade, e a uma cientificidade que resiste aos efeitos ideológicos! É, de fato, difícil negar que, com frequência, os jovens se isolam no oásis de seu pequeno mundo, por medo de se confrontar com os conflitos de nossa sociedade. Eles ficam então à mercê da ideologia dominante (que é geralmente um misto da ideologia espontânea dos dominantes e a dos dominados, misto arranjado de modo que a reprodução social se faça).

Ler o mundo é, então, uma necessidade para que possamos levar nossos discentes a compreenderem que a sociedade é fluida e diversa. E é nessa compreensão que saímos de nossas ilhas individuais, para a compreensão que estamos em uma sociedade em atritos, buscando uma resolução democrática, justa e humana desses conflitos.

DESENVOLVIMENTO

A) Referencial Teórico e Metodológico

David P. Ausubel (1918 – 2008), médico-psiquiatra norte americano, dedicou sua carreira à psicologia educacional, a ser trabalhada nas escolas de nível básico. Sua teoria da aprendizagem significativa, proposta no início da década de 60 do século XX, é uma teoria cognitiva, que leva em consideração a importância da aprendizagem afetiva.

Para Ausubel, aprender é organizar e integrar o novo material (conceito, teoria, leis, etc) à estrutura cognitiva já pré-existente do aprendiz (MOREIRA, 2011; MASINI e MOREIRA, 2009; SANTANA, 2013). Assim, o que foi significativamente aprendido terá significado ao aprendiz e poderá ser usado em questões ou problemas futuros, ou na aquisição de novos conceitos, teorias, leis, etc, que aqui chamaremos materiais de aprendizagem ou simplesmente materiais. Assim "[...] o fato isolado mais importante que influencia a aprendizagem é aquilo que o aluno já sabe; descubra isso e ensine-o de acordo" (MOREIRA, 2011, p. 171). Essa é a ideia central na teoria da aprendizagem significativa: saber e reconhecer como fundamental o que o aprendiz já sabe sobre o material a ser aprendido.

Conhecimentos prévios que já são significativos formam o que Ausubel denominou SUBSUNÇOR. Esses subsunçores serão mais desenvolvidos quando forem especificamente mais relevantes e abrangentes na estrutura cognitiva do aprendiz, podendo ser um meio de aquisição de novos materiais de maneira mais eficaz – processo que foi chamado ANCORAGEM. As condições para que haja uma aprendizagem significativa são (MOREIRA, 2011; MASINI e MOREIRA, 2009; TAVARES, 2008):

I. O material a ser apresentado ao aprendiz precisa ser potencialmente significativo

Um material será potencialmente significativo se tiver alguma relação com o que o aprendiz já sabe, ou seja, se tiver alguma relação com seus conhecimentos prévios. Por isso a imensa importância do professor, antes de todo processo ensino-aprendizagem, fazer um diagnóstico de que seus aprendizes já sabem sobre o material a ser ensinado. A aula deve partir dos conhecimentos prévios – subsunçores – do aprendiz, ou do que ele deveria saber.

II. Não há aprendizagem se não existe pré-disposição em aprender

Alunos desmotivados, em aulas tradicionais e cansativas tenderão a, no máximo, uma aprendizagem mecânica – aquela que ocorre quando um novo material é incorporado e armazenado à estrutura cognitiva de forma arbitrária, sem significado.

Antes do próprio material a ser aprendido pelos educandos ser apresentado, se faz necessária a apresentação de ORGANIZADORES PRÉVIOS, que são recursos didáticos introdutórios (vídeos, textos, experimentos, filmes, etc). Devem ter nível de abstração, generalização e inclusividade mais altos, fazendo uma "ponte" entre o que o aprendiz já sabe e o que deve saber – ponte cognitiva. Servem como ativadores de subsunçores necessários para a aprendizagem significativa do material que se deseja ensinar.

Bachelard (apud CARVALHO *et al*, 2017, p. 6) afirma que "todo conhecimento é a resposta de uma questão.". Investigar em ensino de ciências é aproximar os conhecimentos científicos dos conhecimentos escolares, trazendo a atividade científica acadêmica ao ensino básico. É uma crítica à perspectiva simplista e pouco reflexiva do ensino de ciências.

Uma aula com perspectiva investigativa foge das características de uma aula tradicionalmente ministrada. Na aula tradicional, o professor é o detentor do conhecimento, que deve ser repassado aos alunos de forma literal e não crítica, como se a ciência da natureza produzisse apenas dogmas a serem decorados. Na aula investigativa, a construção do conhecimento se dá pelo diálogo permanente entre professor e alunos. Os aprendizes desenvolvem, com isso, o saber argumentar, vendo a ciência como uma construção histórico-social e criticável. Com isso, a aula deixa de ter um caráter hierárquico, com o professor como ator principal e os alunos como coadjuvantes.

Além disso, o conhecimento a ser construído passa a ser livre: pode vir dos alunos, do professor, ou de ambos. Em relação aos saberes, a aula aproxima-os da realidade do aluno, tornando a aula mais inclusiva. Seria, para a aprendizagem significativa, o 'marco zero', partindo de onde o aluno está, da sua realidade, de suas visões de mundo, de seus conhecimentos prévios. É também uma questão ética de respeito à individualidade, à autonomia, sem perder de vista a visão coletiva, os argumentos em favor do bem comum, da busca de soluções para os problemas causados pela tecnologia do mundo moderno. Essa realidade trazida à aula é debatida entre os alunos, fazendo-os deixar de serem apenas observadores da aula. Os estudantes tornam-se, em conjunto, construtores da aula, dos saberes a serem debatidos, do agir em grupo. É, por assim dizer, uma questão ética de respeito ao direito de aprender significantemente, possibilitando que cada aluno possa comparar sua percepção das questões debatidas com a de outros participantes, possibilitando uma construção democrática de um processo de ensino e aprendizagem que busca a formação de cidadãos politicamente corretos, formação de cidadãos capazes de agir conscientemente na análise dos problemas, desde aqueles de sua comunidade até aqueles de esferas políticas mais abrangentes.

Por fim, o papel do professor é o de provocador das questões, ajudando os alunos a manterem a coerência das ideias, reiterando o papel mediador que é característico não só da perspectiva ausubeliana de aprendizagem, mas de todos os referenciais construtivistas. O professor sai daquele papel de construtor da aprendizagem, responsável principal pela aprendizagem dos alunos, para assumir este papel mediador, preocupado em organizar o material a ser aprendido a partir de seus conceitos mais gerais ou centrais, planejando organizadores prévios, por meio dos quais é possível conhecer as ideias e conceitos já presentes na estrutura cognitiva dos aprendizes e aqueles que precisam ainda ser construídos, propondo materiais facilitadores deste processo. Nesta perspectiva, a avaliação deixa de ser meramente somativa, para ser ativa, processual, sendo a interação um processo legítimo e facilitador do acompanhamento da aprendizagem de cada estudante. Desta forma, já não se mede pela capacidade de resolver aqueles velhos e repetitivos problemas dos livros didáticos, mas pelas habilidades e competências adquiridas pela aprendizagem significativa que se evidenciam na solução de novos problemas, desafiadores e que estão presentes no nosso cotidiano, no cotidiano da modernidade. Na proposta de ensino por investigação,

> [...] os próprios alunos são estimulados a identificarem o problema, levantarem hipóteses, fazerem as escolhas pelos procedimentos

> e dos materiais com os quais vão trabalhar, alem de coletarem os dados e obterem as conclusões. Toda a condução da aula deve ser somente orientada pelo professor, deixando os alunos como sujeitos ativos desse processo. (VIEIRA, 2012, p. 44).

As aulas, na proposta de ensino por investigação (CARVALHO, 2013), são elaboradas em atividades e sequências em que os alunos desenvolvem a capacidade de observação, manipulação, coleta de dados e relações entre esses dados. Essa sequência de ensino por investigação (SEI) organiza a aula a partir do tópico a ser ensinado, criando um ambiente investigativo e propício para que os alunos construam seus próprios conhecimentos. Carvalho *et al* (2017) nos apresenta os requisitos básicos que fundamentam uma SEI:

> I. Geração da questão de pesquisa: será o problema a partir do qual a pesquisa será iniciada. Esse problema, que deve ser motivador, pode ser apresentado aos estudantes pelo professor ou surgir dos próprios estudantes.

> II. Alunos levantam hipóteses: considerando as ideias previas dos alunos acerca do problema, são levantadas hipóteses de solução do problema.

> III. Elaboração do plano de trabalho: cria-se o planejamento de como se fará a investigação para confirmar ou não as hipóteses. A turma é dividida em grupos de trabalho. Cada grupo pode avaliar uma hipótese diferente.

> IV. Obtenção dos dados: na análise experimental, os estudantes irão fazer anotações, análise dos dados, elaboração de gráficos e tabelas. Podem determinar qual(is) dado(s) é(são) importante(s) para a pesquisa – valores de contorno. Com isso, aprendem a construir relações entre eles e interpretá-los.

> V. Conclusão: será o relatório final do grupo. Confirmará ou refutará a hipótese investigada. A conclusão, então, será socializada entre os grupos, provocando o debate.

Carvalho (apud ZOMPERO e LABURÚ, 2010, p.16) nos traz um quadro que classifica, na atividade investigativa, a atuação do professor (P) e dos alunos (A). Esse quadro é mostrado no quadro 1, que mostra os cinco graus de liberdade existentes na atividade investigativa, a partir da atuação, em casa fase da investigação, do professor (P) e do aluno (A).

Quadro 4.1 - Graus de liberdade professor/aluno na aula investigativa.

GRAU	I	II	III	IV	V
Problema	-	P	P	P	A/P
Hipótese	-	P/A	P/A	P/A	A
Plano de trabalho	-	P/A	A/P	A	A
Obtenção dos dados	-	A/P	A	A	A
Conclusão	-	A/P/Classe	A/P/Classe	A/P/Classe	A/P/Sociedade

Retirado de Zompero e Laburú, 2010, p. 16.

No grau I não existe uma atividade investigativa, pois todas as cinco etapas são elaboradas e pensadas apenas pelo professor. É o que ocorre com grande parte das aulas de ciências no ensino básico: o professor é o ator principal, que formula o problema, o resolve, demonstra a verdade das teorias apresentadas por meio de experimentos com respostas certas e orientadas, tornando o ensino pouco atrativo e mecânico (CACHAPUZ et al, 2011). A partir do grau II é possível ver graus de liberdade do aluno na obtenção dos dados e na conclusão. O problema é proposto pelo professor, que orienta a formulação da hipótese e o plano de trabalho. Os níveis III e IV propiciam uma enorme independência dos alunos, com o professor apenas propondo o problema a ser investigado. O grau V é típico de cursos de pesquisa universitária, com os alunos pensando o problema e sua solução, que é dividida com a comunidade.

O importante a ser ressaltado é que o objetivo principal do ensino por investigação não é formar cientistas, mas estudantes que pensem e reflitam sobre a natureza de modo não superficial. Além disso, tornar o pensamento dos aprendizes mais crítico, criativo e rigoroso, tornando-os capazes de tomarem decisões sobre problemas que envolvam a ciência e tecnologia com a política, economia ou meio ambiente. No desenvolvimento das atividades por nós realizadas na escola acima citada, tomamos como referência o grau III de autonomia, permitindo aos estudantes, com a mediação do professor, levantarem hipóteses, planejarem e, sozinhos, aplicarem e levantarem os dados das experiências por eles desenvolvidas.

Zompêro e Laburú (2010) relatam que a Metodologia de Ensino por Investigação tem muito a contribuir para uma real Aprendizagem Significativa dos aprendizes. Veremos:

I. Se o aprendiz deseja investigar, ele deve estar engajado no processo de investigação. Então, esse aluno adquire a disposição em aprender, condição essencial para uma aprendizagem significativa.

II. Quando é apresentado um problema aos alunos, estes buscam uma solução através de seus conhecimentos prévios. Por isso, o problema proposto deve ser significativo aos estudantes, de modo que estes possam representá-lo mentalmente através de modelos mentais, esquemas. Com isso, conseguem levantar hipóteses.

III. A busca por comprovação de suas hipóteses faz com que os alunos se envolvam na busca de novos conhecimentos e na aplicação desses conhecimentos em novas situações. A busca por um plano de trabalho requer a pesquisa de novas informações necessárias à resolução do problema. Numa pesquisa envolvendo aparato experimental, podem-se relacionar dados, elaborar tabelas e gráficos, que podem revelar relações entre entes grandezas. Isso é característica de aprendizagem significativa: uso de subsunçores como ponto de ancoragem para novos conhecimentos.

IV. A comunicação dos resultados é uma avaliação do que foi realmente significativamente apreendido, evidenciando os significados que foram adquiridos e propondo a troca de informação entre grupos e grupos e sociedade.

A partir do que foi exposto acima, fica claro que a metodologia de ensino por investigação é fortemente capaz de conseguir com que o aprendiz desenvolva uma aprendizagem significativa dos conteúdos a serem trabalhados pelo professor. Sasseron (2015, p. 50) afirma que

> [...] a Alfabetização Científica tem se configurado no objetivo principal do ensino das ciências na perspectiva de contato do estudante com os saberes provenientes de estudos da área e as relações e os condicionantes que afetam a construção de conhecimento científico em uma larga visão histórica e cultural. O ensino por investigação e a argumentação, por outro lado, cumprem uma função dupla em nossas pesquisas: ao mesmo tempo em que representam modalidades de interação trabalhadas para o desenvolvimento da Alfabetização Científica em sala de aula, constituem-se em formas de estudo dos dados provenientes de nossas pesquisas.

Portanto, o ensino por investigação materializa-se numa robusta metodologia para que haja um processo de alfabetização científica dos discentes, contribuindo para uma sociedade que tenha um poder de debater os problemas e conflitos que a afligem de forma mais crítica e democrática.

B) Aparato Experimental

Pensando nessa problemática de um ensino-aprendizagem contextualizado, significativo e que os estudantes possam participar da construção do conhecimento, desenvolvemos um aparato experimental de fácil manipulação e grande poder de investigação: uma reconstrução histórica do OSCILADOR DE MELDE. Do modelo original, que constitui um dos mais importantes aparatos experimentais históricos concernentes ao desenvolvimento da acústica física e musical, concebemos uma reconstrução de fácil montagem e que oferece vários parâmetros de fácil manipulação e medição (como frequência, tensão na corda, modos de vibração, etc) e pode ser aplicado para investigar as características do som produzido por vários instrumentos musicais de corda fixa.

Franz Emil Melde (1832 – 1901) foi um físico alemão. Ficou conhecido por seus trabalhos com ondas estacionárias. O Experimento de Melde conecta um cabo apertado a um interruptor elétrico. Com esse aparato, Melde separou, pela primeira vez, em 1860, as ondas estacionárias em uma corda, os modos normais de vibração. Ele foi capaz também de mostrar que ondas mecânicas podem apresentar fenômenos de interferência. Na sua montagem, Melde usou um pulsador elétrico, preso a um cabo, que leva a uma polia contendo na outra extremidade uma massa que causa tensão na corda. Cada nó é típico da onda estável.

Temos hoje diversas reconstruções do modelo original, que diferem nos materiais utilizados, esquema de montagem do vibrador, tamanho e complexidade, desenvolvidos para estudos diversos de oscilações em cordas elásticas (COELHO e TONEGUZZO, 1990; CAVALCANTE, PEÇANHA e TEIXEIRA, 2013; CATELLI e MUSSATO, 2014).

Propusemos uma montagem do aparato com materiais acessíveis, de baixo custo e que pode ser adaptado a qualquer comprimento da corda, e que usa como gerador das ondas um aplicativo de celular de fácil manipulação e gratuito. Descrevemos, a seguir, a nossa montagem do aparato, que é composta de quatro partes. A parte 1 consiste no mecanismo vibrador, composto de base de madeira com alto-falante, haste rosqueada de alumínio e haste de cobre recurvada. A parte 2 consiste no mecanismo tracionador da corda, composto de suporte de madeira com polia e conjunto de pesos. A parte 3 consiste no sistema de amplificação do sinal, composto de base de madeira com amplificador e estroboscópio e cabos de ligação. A parte 4 consiste no aplicativo gerador de áudio.

DESCRIÇÃO DA PARTE 1: mecanismo vibrador, composto de base de madeira com alto-falante, haste rosqueada de alumínio e haste de cobre recurvada.

Figura 4.1 - Base de madeira com alto-falante acoplado: vista superior.

Fonte: Os autores.

A figura 1 mostra uma visão superior do aparato, com a base de madeira tendo um ressalto (espera) que permite seu ajuste na borda de um tampo, permitindo sua adaptação em qualquer mesa (1). A figura mostra ainda os detalhes da parte inferior do alto-falante (2) e da haste rosqueada de alumínio com o citado furo na extremidade superior (3).

DESCRIÇÃO DA PARTE 2: mecanismo tracionador da corda, composto de suporte de madeira com polia e conjunto de pesos. As Figuras 2(a) e 2(b) mostram o mecanismo de fixação da parte 2 que se utiliza de um grampo universal, que pode ser adaptado a quase qualquer superfície ou mesa.

Figura 4.2 – (a) Visão posterior do mecanismo tracionador; (b) visão frontal do mecanismo tracionador.

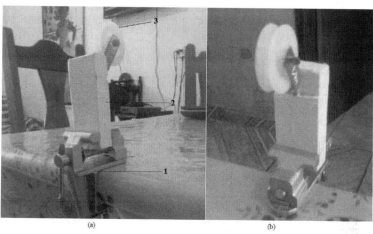

Fonte: Os autores.

DESCRIÇÃO DA PARTE 3: sistema de amplificação do sinal, composto de base de madeira com amplificador e estroboscópio e cabos de ligação

A Figura 3 mostra a visão frontal do amplificador multiuso modelo Deltrônica AM20 RCA 120/220V (1), específico para amplificar baixos sinais de áudio dos MP3, PC, notebook, etc., bem como o estroboscópio.

Figura 4.3 - Visão frontal da base com amplificador e cabo de áudio com as duas entradas RCA conectadas.

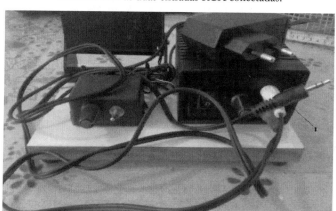

Fonte: Os autores

O amplificador é utilizado para amplificar o sinal oriundo do aplicativo gerador de áudio e que foi instalado num smartphone para ser utilizado junto com o produto. Sua saída amplificada que pode ser ligada a diversos tipos de caixa de som (2, 4, 6 ou 8 ohms). Tem dimensões 6cm x 9cm x 15cm, com entrada RCA e saída de encaixe por pressão. Possui controle de volume e fonte de alimentação 110/220 V. É utilizado no aparato para otimizar a visualização das frequências normais da corda oscilante. Assim, o som gerado pelo aplicativo instalado no smartphone terá amplitude bem visível na corda.

A Figura 4 mostra o aparato montado em uma mesa.

Figura 4.4 - Aparato montado em uma mesa.

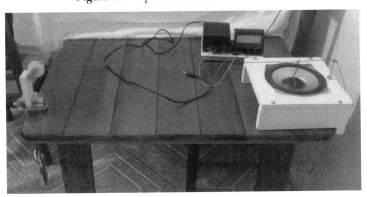

Fonte: Os autores.

Na figura 4 acima, vê-se que o aparato se encaixa muito bem a qualquer tipo de mesa, com o mecanismo tracionador (à esquerda da figura) com uma polia e pesos para deixar a corda bem esticada (no caso da figura, foram usados cadeados, mas podem ser usados outros tipos de pesos). O amplificador, com o cabo a ser ligado no smartphone, e o estroboscópio são vistos próximos ao mecanismo vibrador. Este possui a caixa de som ligada à haste (parte branca à direita na figura).

Depois de muita pesquisa, escolhemos o aplicativo gerador de sinais de onda senoidais ToneGen. Esse aplicativo, que pode ser baixado gratuitamente pelo PlayStore em qualquer celular Android, fornece um sinal de áudio senoidal, de frequência única, que pode ser ajustada de 1 Hz a 22 KHz. Pode gerar até 16 tons simultaneamente, mostrando a forma da onda e sua frequência no visor do celular. É de fácil manipulação e tem ajuste fino de frequência.

As Figuras 5(a) e 5 (b) mostram, respectivamente, o ícone do aplicativo na área de trabalho de um smartphone e sua interface gráfica, com comandos e visor.

Figura 4.5 – (a) Visão do ícone do aplicativo instalado na área de trabalho do celular em funcionamento; (b) Interface do aplicativo.

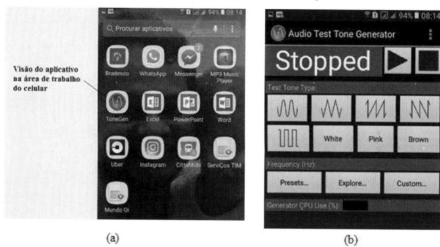

Fonte: Os autores.

A figura 4.5 acima mostra que o aplicativo gerador de áudio usado pode gerar várias formas de ondas sonoras, com frequências variadas e de fácil manipulação.

C) Sequência de Ensino Investigativo: resultado e discussão

A partir de tudo isso, construímos uma Sequência de Ensino por Investigação (SEI) Significativa a fim de que o estudante aprenda significativamente conceitos de ondulatória e acústica. Usamos o violão como elemento problematizador por ser um instrumento de fácil manipulação e atrativo, podendo ativar um dos elementos chave numa aprendizagem significativa: a vontade do aluno em aprender. O aparato Oscilador de Melde por nós construído, com uma nova forma de montagem, nos ajudará a obter dados essenciais para resposta aos questionamentos levantados. O Quadro 2 mostra nossa proposta de SEI Significativa.

Quadro 4.2 – Proposta da Sequência de Ensino Investigativo (SEI)

ETAPAS	OBJETIVOS	TEMPO ESTIMADO
1. Organizadores Prévios	Aula inicial, em power point, ministrada pelo professor, com a finalidade de despertar/construir subsunçores, tais como elementos de uma onda, tipos de ondas, ondulatória e música, etc.	1° encontro: 2 horas/aula
2. Problematização	Com o violão, problematizar com questões propostas pelo professor ou pelos próprios alunos.	
3. Construção de Hipóteses	Dividir a turma em grupos e deixá-los encontrar hipóteses de resolução das problematizações.	
4. Construção de Plano de Trabalho	Planejar com os grupos datas para trabalho no aparato. Explicar o funcionamento básico do aparato.	
5. Obtenção de dados (uso do aparato)	Cada grupo, separadamente, em data e horários marcados com antecedência, manipulará o aparato, na busca de relações e dados para a possível resolução das hipóteses. Poderão ser debatidas, no âmbito de cada grupo, conclusões prévias da análise dos dados obtidos.	2° encontro: 2 horas/aula para cada grupo.
6. Conclusão e Comunicação	Após análise dos dados, os grupos debaterão os resultados dentro de cada grupo, e, depois, entre os grupos.	3° encontro: 2 horas/aula, divididas da seguinte maneira: * 1 hora/aula para o debate dentro de cada grupo. * 1 hora/aula para o debate entre os grupos.

Fonte: Os autores.

Em nossa proposta de SEI Significativa, iniciamos com uma aula ministrada pelo professor. Essa aula serviu para despertar e/ou criar subsunçores relativos à ondulatória e acústica. Essa aula teve um maior nível de generalização e inclusão, sendo planejada para servir de ponte entre o que o estudante já sabe e o que se deseja que esse estudante aprenda. Assim, os organizadores prévios podem ter grande potencial facilitador da conceituação, pois, como diz Vergnaud (apud MOREIRA, 2013) "são as situações que dão sentido aos conceitos.". Nessa aula apresentamos os principais conceitos, tais como: conceito de onda, tipos de onda, frequência, comprimento de onda, amplitude e velocidade de onda, interferência, ondas sonoras, altura e intensidade do som, ondas estacionárias e harmônicas, nota musical e escala temperada.

A proposta de SEI Significativa foi aplicada com o envolvimento de estudantes da Escola de Referência em Ensino Médio (EREM) Olinto Victor, escola situada no bairro da Várzea, Recife – PE. A escola é pequena, com apenas doze salas de aula e oito turmas: três do 1° ano, três do 2° ano e duas do 3° ano, cada turma, em média, com 35 alunos. As salas são temáticas: cada professor possui sua sala, onde pode configurar, planejar e decorar como achar melhor. Tivemos uma grande liberdade por parte da gestão da escola para planejarmos a sala ao nosso modo. A escola não possui laboratórios de física, química ou biologia. Possui uma sala de informática minúscula, com apenas 6 computadores funcionando. Não possui auditório nem quadra coberta.

No planejamento do professo de física da escola, os conteúdos de ondulatória e acústica são ministrados no II bimestre letivo das turmas de 2° ano do ensino médio, que tem início na metade do mês de abril até o início do mês de junho. Por isso, aplicamos o nosso produto a uma turma de 2° ano, com início em meados de março. O critério para escolha da turma, 2° B, foi a adequação com o horário do professor de física dessa turma. Alguns alunos das turmas de 3° ano 2018, ao saberem de nosso plano, ficaram muito interessados em participar, principalmente porque muitos desses alunos gostam de música e tocam violão e outros instrumentos musicais. Então, para nós foi uma boa surpresa. Resolvemos juntar alunos de 2° ano e 3° ano no projeto. Os estudantes de 3° ano seriam até importantes como coordenadores dos grupos, e teríamos a oportunidade de verificar com esses estudantes como ficou o nível de aprendizagem dos conteúdos de acústica vistos em 2017. Trabalhamos então com 43 alunas e alunos, divididos em 2 grupos de 14 discentes e um grupo de 13 discentes. Cada grupo teve duas horas/aula para a manipulação do aparato, medição de variáveis que achassem importantes e anotações.

Ao fim, os três grupos foram reunidos e discutiram sobre o que encontraram, montando um relatório final único, Figura 6.

Figura 4.6 - Conclusões dos estudantes participantes da pesquisa após manipulação do aparato.

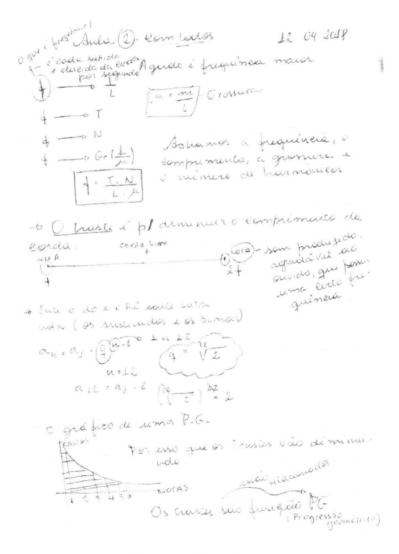

Fonte: os próprios autores

Na figura 6 acima, vemos que os estudantes, manipulando o aparato experimental, e medindo grandezas, tais como frequência, comprimento de onda, comprimento da corda, números de harmônicos etc., puderam inferir expressões matemáticas que em muito se aproximam das corretas expressões que relacionam essas grandezas.

Os estudantes, nesse encontro, chegaram a várias e interessantes conclusões:

1. Os estudantes conseguiram chegar a uma relação matemática entre a dependência da frequência na corda com tensão, número de harmônicos, comprimento e massa específica, relação essa mostrada na figura 6, qual seja:

Tal relação se aproximou bastante da relação cientificamente correta. Na sequência, como forma de promover a mudança conceitual, fizemos a interpretação correta da equação surgida como resultado da investigação realizada, independentemente de nossa participação, pelos grupos, mostrando que a dependência da frequência se dá pela raiz quadrada da razão entre a tensão e a massa específica da corda, ou seja:

2. Descobriram que os trastes no violão são usados para a diminuição do comprimento útil da corda oscilante, e que diminuindo o tamanho da corda que oscila, sua frequência de vibração aumenta, tornando o som mais agudo.

3. Descobriram que a frequência dos harmônicos depende sempre da frequência do primeiro harmônico, sendo múltiplo inteiro desta.

O trabalho dos grupos no aparato mostrou a importância do trabalho experimental como a passagem da representação abstrata do conhecimento à manipulação de conceitos e variáveis.

No ensino médio existe essa grande dificuldade "quando o objeto de estudo é mais abstrato, e as dificuldades surgem com a necessidade de recorrer a instrumentos que facilitem a representação daquilo que não pode ser visto" (POZO e CRESPO, 2009, p. 193).

Vimos que conceitos-chave em ondulatória e acústica, como frequência, comprimento de onda, amplitude, volume, intensidade sonora e harmônica, foram apreendidos de forma significativa e envolvente, quando os estudantes manipulam o aparato. Víamos a alegria no olhar de estudantes de entenderem concretamente o abstrato visto nas aulas teóricas. Deve-se ter o cuidado, no entanto, de deixar claro que a manipulação experimental na representação da realidade envolve várias simplificações. Não podemos dizer que o conhecimento científico advenha diretamente da manipulação pura, simples e acrítica de aparatos experimentais. As atividades manipulativas têm sua importância quando o manipulador do aparato tem consciência de seus atos e ações ao manipular e realizar o experimento.

Portanto, as conclusões a que os grupos chegaram, ao manipularem as variáveis no aparato, descritas na figura 6, indicam que os estudantes foram capazes de achar relações entre as variáveis estudadas, tais como a relação entre frequência e altura do som. Isso pode indicar que o aparato foi manipulado de forma consciente e crítica, tendo os grupos o cuidado em medir frequência, tensão na corda, etc, da forma mais precisa possível. É importante salientar que os grupos fizeram, desde a aula problematizadora até o trabalho com o aparato, pesquisas teóricas sobre som produzido por instrumentos de corda fixa, principalmente o violão, até escala musical temperada e sua relação com a matemática, interferência em ondas, harmônicos e ondas estacionárias. Isso denota que os estudantes se tornaram ativos na busca por respostas a seus questionamentos. Denota, igualmente, que os estudantes, quando motivados, podem ser agentes ativos e conscientes de sua própria aprendizagem.

CONSDERAÇÕES FINAIS

Vimos o crescimento dos estudantes participantes desse projeto. Um crescimento em liberdade, em compreensão de que a informação em ciências da natureza, especificamente cordas oscilantes em instrumento musical – violão – é fascinante, bela e compreensível. Vimos a vontade dos estudantes em saber, em tentar compreender: por que a distância entre os trastes diminui no braço do violão? O que é afinar o violão? Existe uma escala musical que representa as notas em função da frequência e tamanho da corda? É maravilhoso ver que durante a aula, os estudantes se questionam, são ativos na produção do conhecimento. E o mais importante: os alunos sentem-se capazes de buscar, de produzir e de entender. Livram-se, assim, da simples memorização, de serem passivos diante do suposto detentor do conhecimento.

Aqueles que antes viam na aula um fardo, um nada subjetivo e distante da realidade de cada um, agora sentem-se vivos no conhecimento produzido. E essa alegria em aprender física, em buscar novas informações relevantes e significativas, pode ser expandida para outras áreas além da ondulatória e acústica musical. Temos absoluta certeza de que o que fizemos é só uma pesquisa inicial, promissora, que pode ser expandida a outras áreas da física, ou das ciências da natureza. Um ensino significativo, libertador, consciente, usando o método da investigação aberto, crítico, questionador, pode ser aplicado a outras áreas das ciências da natureza. E, em nossa modesta opinião, deve ser pesquisada, usada.

Existem outras possibilidades de uso do aparato experimental por nós desenvolvido, tais como:

- Com a parte elétrica do aparato podem ser investigados temas, tais como a relação entre som, energia, potência e eletricidade.

- No alto-falante existe um imã e uma bobina, o que permite a investigação em torno do eletromagnetismo e dos princípios de funcionamento do alto-falante e do microfone. No primeiro, o sinal elétrico que gera a onda mecânica, enquanto no segundo, a onda mecânica que gera o sinal elétrico.

- Estudo da tensão na corda produzida pelos cadeados, identificando as forças presentes quando o aparato está em funcionamento. Isso seria uma ótima oportunidade do estudo de forças em corpos.

REFERÊNCIAS

CARVALHO, A. M. P. (org). **Ensino de ciências por investigação**: condições para implementação em sala de aula. São Paulo: Cengage Learning, 2013.

CARVALHO, A. M. P. Um ensino fundamentado na estrutura da construção do conhecimento científico. **Schème** – Revista eletrônica de psicologia e epistemologias genéticas, v. 9, número especial, 2017.

CATELLI, F.; MUSSATO, G. A. As frequências naturais de uma corda de instrumento musical a partir de seus parâmetros geométricos e físicos. **Revista Brasileira de Ensino de Física.** v. 36, n. 2 – 2014.

CAVALCANTE, M. A.; PEÇANHA, R.; TEIXEIRA, A. C. Ondas estacionárias em cordas e determinação da densidade linear de um fio. **Revista Brasileira de Ensino de Física.** v. 35, n. 2, 2013.

COELHO, F. O.; TONEGUZZO, L. Gerador de ondas estacionárias em uma corda. **Cad. Cat. Ens. Fís.**, Florianópolis, 7 (3): 227-231 , dez. 1990.

FOUREZ, G. **Crise no Ensino de Ciências?** Revista Investigações em Ensino de Ciências, V-8 , pp 109-123, 2003.

FREIRE, P. **Pedagogia do Oprimido,** 17° Edição, Rio de Janeiro: Paz e Terra, 1994.

MASINI, E. A. F.; MOREIRA, M. A. **Aprendizagem significativa**: condições para ocorrência e lacunas que levam a comprometimentos. São Paulo: Vetor Editora Psicopedagógica, 2009.

MOREIRA, M. A. **Teorias de aprendizagem**. São Paulo: EPU, 2011.

MOREIRA, M. A. Aprendizagem significativa em mapas conceituais. PPGEnFis/ IF-UFRGS: **Textos de Apoio ao Professor de Física**, v. 24, n. 6, 2013.

POZO, J. I.; CRESPO, M. A. G. **A aprendizagem e o ensino de ciências**: do conhecimento cotidiano ao conhecimento científico. 5 ed. Porto Alegre: Artmed, 2009.

SANTANA, M. F. **Aprendizagem significativa em David Ausubel e Paulo Freire**: Regularidades e dispersões. 2013. 83 f. Tese (Doutorado em Educação) - Universidade Federal da Paraíba, João Pessoa, 2013.

SASSERON, L. H. Alfabetização científica, ensino por investigação e argumentação: relações entre ciências da natureza e escola. **Ensaio - Pesquisa em Educação em Ciências**, v. 17, número especial, p. 49-67, novembro 2015.

TAVARES R. Aprendizagem significativa e o ensino de ciências, **Revista Ciência e Cognição**, v. 13, p 94-100, março 2008.

VIEIRA, F. A. C. Ensino por Investigação e Aprendizagem Significativa Crítica: análise fenomenológica do potencial de uma proposta de ensino. 2012. 149 f. Tese (Doutorado em Educação em Ciências) – **Universidade Estadual Paulista. Faculdade de Ciências**, Bauru, 2012.

ZÔMPERO, A. F.; LABURÚ, C. E. Atividades investigativas no ensino de ciências: aspectos históricos e diferentes abordagens. **Ensaio - Pesquisa em Educação em Ciências,** v. 13, n. 03, p.67-80, set-dez 2011.

CAPÍTULO 5

TEORIA DAS SITUAÇÕES DIDÁTICAS E ENGENHARIA DIDÁTICA: CONSIDERAÇÕES PRELIMINARES SOBRE PROPOSTA DE ENSINO DE ELETRICIDADE EM CORRENTE ALTERNADA COM SUPORTE DO GEOGEBRA

José Gleisson da Costa Germano
José Wally Mendonça Menezes

RESUMO

Este trabalho tem o objetivo de apresentar considerações preliminares sobre a realização de uma abordagem de Eletricidade em Corrente Alternada (CA) utilizando o software GeoGebra, tendo como fundamentação os pressupostos metodológicos da Teoria das Situações Didáticas (TSD) e da Engenharia Didática (ED). O presente escrito é parte de um projeto de pesquisa em andamento no escopo de atividades do Curso de Doutorado Acadêmico em Ensino, com ênfase no Ensino de Ciências, Matemática e Engenharias. Baseando-se na TSD e na ED, o trabalho busca propiciar alternativas de situações didáticas, onde a percepção e a visualização através do uso da tecnologia em sala de aula, possam potencialmente favorecer as condições de ensino e de aprendizagem dos conceitos de Eletricidade em Corrente Alternada (CA). Como números complexos são fasores, o ensino de Eletricidade CA pode ser bastante beneficiado com o uso de uma Sequência Didática (SD), formada por Situações Didáticas pautadas na TSD e na ED, onde o uso do GeoGebra pode contribuir para melhor visualização e aplicações em Análise de Circuitos em Corrente Alternada por meio de números complexos. Esperamos que a pesquisa tenha prosseguimento e que possa contribuir para o avanço do conhecimento na área do Ensino, de modo a cooperar para melhores resultados nos processos de Ensino de Ciências, Matemática e Engenharias.

Palavras-chave: Eletricidade CA, Situações Didáticas, GeoGebra.

INTRODUÇÃO

O presente trabalho tem como tema o ensino de Eletricidade em Corrente Alternada com apoio das Tecnologias da Informação e Comunicação (TIC), notadamente com o uso do software GeoGebra. O referido escrito é parte de um projeto de pesquisa em andamento no âmbito de atividades do Curso de Doutorado Acadêmico em Ensino, com ênfase no Ensino de Ciências, Matemática e Engenharias, ofertado pelo Instituto Federal de Educação, Ciência e Tecnologia do Ceará – IFCE, Campus Fortaleza.

Baseando-se na TSD - Teoria das Situações Didáticas (BROSSEAU, 2020, 2008) e na ED - Engenharia Didática (ARTIGUE, 1996, apud PAIS, 2019), a pesqusia encontra-se na seara de investigações práticas e estratégias didático-pedagógicas no contexto de espaços educativos formais ou não (CAPES, 2019), de modo a fomentar reflexões, discutir e propor, de acordo com a TSD e a ED, bem como com suporte das TIC, alternativas didáticas interdisciplinares para professores de Física e de Engenharias.

Destarte, almejamos contribuir no que diz respeito à otimização dos processos de ensino, ou seja, colaborar na área do Ensino (CAPES, 2019; NARDI; GONÇALVES, 2014; MOREIRA; NARDI, 2009), especialmente de Eletricidade/Análise de Circuitos com Corrente Alternada (CA), onde fomentamos conexões de tais assuntos com números complexos e situações concatenadas com a utilização do software GeoGebra e apresentações de aplicações (GERMANO, 2016).

Demo (2012) considera importante o uso de tecnologias em prol do ensino e da aprendizagem. Ao promover a utilização das TIC no Ensino de Física e Engenharias, com auxílio da TSD e da ED e de dispositivos computacionais, pretendemos colaborar na formação docente de profissionais do Ensino de Física e de Engenharias e/ou de futuros professores – alunos de cursos de Licenciatura em Física e de cursos de Engenharias.

O uso da energia elétrica mostra-se presente e cada vez mais essencial em nossa sociedade. "Em quase todo o mundo, a energia elétrica é transferida, não como uma corrente constante (corrente contínua, ou CC), mas como uma corrente que varia senoidalmente com o tempo (corrente alternada, ou CA)" (HALLIDAY; RESNIK; WALKER, 2020, p. 297).   Um assunto dessa magnitude precisa ser compreendido da melhor forma possível pelas pessoas, especialmente estudantes e professores, pois os docentes podem ajudar, sobremaneira, aos educandos a compreenderem e a utilizarem melhor assuntos concernentes à Eletricidade/Análise de Circuitos CA.

Este trabalho se propõe no sentido de atender tal demanda qual seja fomentar investigações e sugestões de alternativas de ensino para professores de Física e de Engenharias em prol de melhores resultados nos processos de ensino e de aprendizagem de tais assuntos de tamanha relevância social e científica para a humanidade. Além disso, existem vários entraves encontrados no diz que respeito ao ensino de Física e de Engenharias, inclusive em relação aos processos de ensino e de aprendizagem sobre Eletricidade/Circuitos Elétricos (BARROSO; RUBINI; SILVA, 2018; DORNELES; ARAÚJO; VEIT, 2006; GUISASOLA et al., 2008; MARINHO; RODRIGUEZ, 2020).

Enquanto que o "desafio para os cientistas e engenheiros é projetar sistemas de CA que transfiram energia de forma eficiente e aparelhos capazes de utilizar essa energia" (HALLIDAY; RESNIK; WALKER, 2020, p. 297), o desafio para professores e pesquisadores em Ensino de Ciências, Matemática e Engenharias é projetar aulas de modo que ocorra o bom ensino (dos mais diferentes assuntos: energia, circuitos CA, entre outros) e que favoreçam o aprendizado dos estudantes.

Conforme diversos autores (ALBUQUERQUE, 2015; MARINHO; RODRIGUEZ, 2020; O'MALLEY, 1993; RÊGO; RODRIGUES, 2015) é de grande importância o uso de números imaginários no campo da Eletricidade envolvendo Corrente Alternada (CA). De acordo com John O'Malley, professor de Engenharia Elétrica da Universidade da Flórida, a análise de circuitos CA é facilitada ao se utilizar números complexos (O'MALLEY, 1993).

Por conseguinte, com os procedimentos metodológicos da TSD e da ED, é possível identificar os eventuais problemas no ensino de Eletricidade CA e analisar como, com o quê, por que e para que sobrepujar eventuais obstáculos/empecilhos ou aperfeiçoar alguma técnica, alguma atividade e o próprio processo de ensino (PAIS, 2019).

Nota-se que para boa parte dos professores de Física e de Engenharias, os livros são tidos como a maioria das fontes (quando não é a única) dos assuntos que são costumeiramente abordados em cada etapa de ensino dos referidos conteúdos. Outrossim, o não tratamento adequado quanto a interpretação geométrica e demais conexões dos números complexos com a geometria e a Eletricidade CA pode acarretar barreiras na visualização e na compreensão desse tópico, sendo isto um forte candidato a ser uma das causas dos resultados não satisfatórios nos processos de ensino e aprendizagem de Circuitos Elétricos CA.

Fomentamos a percepção e o desenvolvimento de conexões dos números complexos com outras áreas, inclusive Eletricidade CA. Amorim (2015) sustenta que "a forma geométrica dos números complexos propicia a interdisciplinaridade com fenômenos da Física, fator que é valorizado nos Parâmetros Curriculares Nacionais [...]" (AMORIM, 2015, p. 18). Dessa forma, Amorim (2015) apoia que o ensino dos complexos ocorra dando-se destaque às interpretações geométricas intrínsecas a esses números, onde há um terreno fértil para interdisciplinaridade de fatos com a Física.

No contexto supracitado, apresentou-se uma inquietação, no sentido de verificar como uma Sequência Didática (SD), baseada na Teoria das Situações Didáticas e na Engenharia Didática, com o uso do GeoGebra e dos fasores, pode contribuir no ensino de Eletricidade CA/Circuitos CA numa turma de um curso de Física/Engenharia. Desse modo, estamos buscando focar o trabalho no direcionamento quanto a construção e para a proposta de uma Sequência Didática (SD)[1], formada por situações didáticas[2], apoiada na TSD e na ED, com o uso de fasores e do software GeoGebra.

Conforme Germano (2016), acreditamos que a utilização das TIC, com o uso do GeoGebra, através de situações didáticas pautadas na TSD e na ED, colaboram para uma melhor visualização e interpretação geométrica dos fasores/números complexos de modo a eventualmente potencializar um melhor entendimento de Eletricidade CA/Circuitos CA.

---

1   A expressão Sequência Didática (SD) refere-se a um conjunto de situações didáticas.

2   Concordando com Pais (2019, p. 65) "uma situação didática é formada pelas múltiplas relações pedagógicas estabelecidas entre o professor, os alunos e o saber, com a finalidade de desenvolver atividades voltadas para o ensino e para a aprendizagem de um conteúdo específico".

Este trabalho tem o objetivo de apresentar considerações iniciais visando a propositura de uma sequência didática com uma abordagem interdisciplinar de Eletricidade CA/Circuitos CA com a utilização do software GeoGebra e apresentações de aplicações, com amparo na TSD e na ED (GERMANO, 2016).

Nas seções seguintes, procuramos expor aspectos teóricos e metodológicos de ensino e aprendizagem de Eletricidade CA/Circuitos CA, bem como fomentar o conhecimento de componentes teóricos e metodológicos de situação didática para o ensino de Eletricidade CA/Circuitos CA.

REFERENCIAL TEÓRICO

Este trabalho encontra-se no âmbito da área do Ensino (CAPES, 2019). Reconhecidamente, a área do Ensino de Ciências e Matemática tem sido alvo de importantes pesquisas (NARDI; GONÇALVES, 2014; MOREIRA; NARDI, 2009) e que requer formação docente adequada com aprimoramentos que se utilizam de novas tecnologias (DEMO, 2012).

Assuntos referentes às aplicações da Eletricidade CA, de Circuitos CA, do Eletromagnetismo apresentam considerável relevância para o desenvolvimento da humanidade. A aplicação da "física básica dos campos elétricos e magnéticos e o armazenamento de energia nos campos elétricos e magnéticos de capacitores e indutores" (HALLIDAY; RESNIK; WALKER, 2020, p. 296) é de grande relevância para que tenhamos, por exemplo, energia elétrica em nossas residências, uma vez que é essencial "a aplicação dessa física à transferência da energia para os locais onde será utilizada. [...] Na verdade, a civilização moderna seria impossível sem essa física aplicada" (HALLIDAY; RESNIK; WALKER, 2012, p. 286).

Tendo em vista que fasores são números complexos, o ensino de Eletricidade CA pode ser bastante beneficiado com o uso de números complexos (MARKUS, 2011; O'MALLEY, 1993; RÊGO; RODRIGUES, 2015).

Entendemos que os profissionais do Ensino de Física e Ensino de Engenharias podem se utilizar das TIC, de diversos dispositivos computacionais, como é o caso do GeoGebra, para facilitar o ensino de Eletricidade CA via números complexos numa abordagem interdisciplinar que estimula a visualização e dinamicidade das atividades relacionadas.

Germano (2016, p. 31) externa que no Brasil "existem bases legais que fundamentam e propõem o uso de recursos tecnológicos, como computadores e softwares, em prol do bom ensino". De acordo com os PCN - Parâmetros Curriculares Nacionais (BRASIL, 1997) o computador pode ser bastante útil nos processos de ensino e de aprendizagem, sendo um item que pode ser aproveitado conforme com as intenções didáticas dos docentes (GERMANO, 2016).

Os Parâmetros Curriculares Nacionais (PCN) fomentam a utilização de softwares:

> Quanto aos softwares educacionais é fundamental que o professor aprenda a escolhêlos em função dos objetivos que pretende atingir e de sua própria concepção de conhecimento e de aprendizagem, distinguindo os que se prestam mais a um trabalho dirigido para testar conhecimentos dos que procuram levar o aluno a interagir com o programa de forma a construir conhecimento. (BRASIL, 1997, p. 35).

De acordo Germano (2016), a escolha do software pelos docentes precisa ocorrer segundo os objetivos que anseia conseguir, além de suas convicções enquanto profissional do ensino, no sentido de verificar a melhor forma de auxiliar na execução das atividades. Almejamos contribuir com a facilitação da visualização e interpretação geométrica dos fasores. E o GeoGebra pode proporcionar isso de gratuitamente e com dinamicidade. Com esse fito, o referido software foi selecionado para ser empregado (GERMANO, 2016).

Figura 5.1 – Uma interface do GeoGebra.

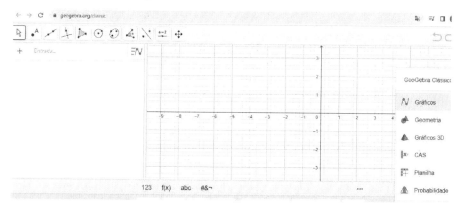

Fonte: GeoGebra. Disponível em: https://www.geogebra.org/classic. Acesso em 20 set. 2023.

METODOLOGIA

Quanto à metodologia, no âmbito de nosso projeto de pesquisa em andamento no campo de atividades do Doutorado e dos trabalhos relacionados, como este escrito, estamos efetuando a realização de uma pesquisa bibliográfica e de campo (um Estudo de Caso). Não obstante, concordando com Germano (2016), adotamos neste trabalho e propomos que sejam adotadas: uma metodologia de ensino pautada nos pressupostos da Teoria das Situações Didáticas (TSD), de acordo com Brousseau (2020, 2008; 1986, apud ALMOULOUD, 2010; 1986, apud PAIS, 2019); e na metodologia de pesquisa os pressupostos da Engenharia Didática (ED), conforme Artigue (1996, apud PAIS, 2019; 1988, apud ALMOULOUD, 2007).

Com a intenção de atender o objetivo da pesquisa, encontramos na TSD e na ED os princípios teóricos que se harmonizam, do modo a nos ajudar neste estudo. Germano (2016), baseando-se na obra de Brousseau (2008), expõe que a TSD e a ED estão intimamente relacionadas entre si, uma vez que a própria noção de Engenharia Didática como metodologia de pesquisa e como criação de situações de ensino, advém da busca de condições necessárias à concretização da aprendizagem (BROUSSEAU, 2008).

Germano (2016) reconhece que a Engenharia Didática permite que se recolham e sejam analisados os elementos necessários à investigação durante o próprio processo de ensino e compõe-se de várias etapas (ou fases) quais sejam: análises preliminares ou prévias; concepção e análise a priori; aplicação de uma sequência didática; análise a posteriori e a avaliação – validação (PAIS, 2019).

Em relação à ED, Almouloud (2007, p. 184), expõe que:

> Esta metodologia é geralmente utilizada nas pesquisas cujo propósito é identificar os fatores que interferem nos processos de ensino e aprendizagem de um dado conceito matemático e a construção de uma sequência didática cujo intuito é proporcionar ao aluno condições favoráveis à aquisição e compreensão desse conceito.

Os fatores que interferem nos processos de ensino e aprendizagem podem ser identificados no decorrer dos estudos realizados sobre Eletricidade CA e dos estudos quando da realização da análise prévia e análise a priori, de acordo com os pressupostos da Engenharia Didática.

Segundo Almouloud (2007, p. 32), sobre a TSD: "O objeto central de estudo nessa teoria não é o sujeito cognitivo, mas a situação didática, na qual são identificadas as interações estabelecidas entre professor, aluno e saber." Além dos aspectos humanos, na TSD considerase também a conjuntura envolvida, até mesmo o sistema educacional em questão.

Dessa forma, "a situação didática é todo o contexto que cerca o aluno, nele incluídos o professor e o sistema educacional" (BROUSSEAU, 2008, p. 21). À luz da TSD, a situação didática é definida como:

> o conjunto de relações estabelecidas explicitamente e/ou implicitamente entre aluno ou grupo de alunos, um certo milieu (contendo eventualmente instrumentos ou objetos) e um sistema educativo (o professor) para que esses alunos adquiram um saber constituído ou em constituição (BROUSSEAU, 1978, apud, ALMOULOUD, 2007, p. 33).

Uma situação didática é refere-se aquilo que envolve o aluno, onde o sistema educacional e o professor exercem certas interações entre si, sendo que devem ser fornecidos meios visando, de propósito, à aquisição de um saber determinado tido como relevante e útil à humanidade (GERMANO, 2016). Ao invés de canalizar as atenções no professor, a Teoria das Situações

Didáticas (TSD) fomenta os benefícios possíveis advindos das interações entre professor, aluno e os conhecimentos matemáticos; interações essas pactuadas pelo chamado contrato didático (BROUSSEAU, 2008).

A situação adidática é um componente com intento à situação didática, sendo definida como "uma situação na qual a intenção de ensinar não é revelada ao aprendiz, mas foi imaginada, planejada e construída pelo professor para proporcionar a este condições favoráveis para a apropriação do novo saber que deseja ensinar" (ALMOULOUD, 2007, p. 33).

Além disso, Germano (2016) ressalta que devemos ter o cuidado de saber lidar com os diversos obstáculos que existam ou possam aparecer no decorrer das situações de ensino. Brousseau (2008, p. 48) ainda afirma que "Algumas das concepções adquiridas não desaparecem imediatamente em benefício de uma concepção melhor: resistem, provocam erros, tornando-se, então, 'obstáculos.'"

Do ponto de vista dos princípios da TSD de Brousseau (2008), que será o sentido de obstáculo seguido em nossa pesquisa, o obstáculo é um tipo conhecimento que deve ser considerado com determinada relevância nas diferentes situações, uma vez que podem aparecer com certa frequência no decorrer das atividades (GERMANO, 2016). Segundo Pais (2019, p. 39) "esses obstáculos não se constituem na falta de conhecimentos, mas, pelo contrário, são conhecimentos antigos, cristalizados pelo tempo, que resistem à instalação de novas concepções que ameaçam a estabilidade intelectual de quem detém esse conhecimento".

Os erros em atividades humanas podem ser comuns e os tais podem surgir nos processos de ensino e de aprendizagem. Segundo Brousseau (2008, p. 49): "Um obstáculo se manifesta pelos erros, os quais, em um sujeito, estão unidos por uma fonte comum: uma maneira de conhecer; uma concepção característica, coerente, embora incorreta; um 'conhecimento' anterior bem-sucedido na totalidade de um domínio [...]".

Germano (2016) destaca que há a necessidade de não desconsiderar os obstáculos, uma que fazem parte do processo de aprendizagem, podendo exercer influências consideráveis que precisam ser levadas em conta nesse processo. "Portanto, é inútil ignorar um obstáculo. Devese rechaçá-lo de maneira explícita, integrar sua negação à aprendizagem de um conhecimento novo, em particular na forma de contraexemplos. Nesse sentido, é um constitutivo do saber", conforme assevera Brousseau (2008, p. 50).

Além das prudências quanto aos obstáculos, também é necessário ponderar as circunstancias, o meio em que se dá o processo de aprendizagem (GERMANO, 2016). Sob a ótica da TSD a interação entre discentes e o meio (milieu) é tão importante que "Dessa perspectiva, os comportamentos dos alunos revelam o funcionamento do meio, considerado como um sistema" (BROUSSEAU, 2008, p.19). Isto é, os alunos expressam, a seu modo, aquilo que receberam do sistema, do meio (milieu), uma vez que este (re) alimenta a engrenagem social num processo dialético. Conforme Almouloud (2007, p. 36):

> Para analisar o processo de aprendizagem, a teoria das situações observa e decompõe esse processo em fases diferentes, nas quais o saber tem funções diferentes e o aprendiz não tem a mesma relação com o saber. Nessas fases interligadas, podem-se observar tempos dominantes de ação, de formulação, de validação e de institucionalização.

A aprendizagem não é algo estanque, mas é processual e, nessa perspectiva, ficam expostas as distintas formas que o saber pode assumir, numa esperança de que dependendo das relações em diferentes situações, ele adquire determinado significado para os educandos.

Brousseau (2008, p. 28) expões que "A aprendizagem é o processo em que os conhecimentos são modificados". Então, não ficam paralisados os conhecimentos, mas são modificados ao longo do processo de aprendizagem. Ademais, alunos, saber, professor, sistema educativo estão dialeticamente entrelaçados nos processos de ensino e de aprendizagem, nas diferentes situações (GERMANO, 2016).

Na TSD, há as situações de: ação, formulação, validação e institucionalização (BROUSSEAU, 2008). Quando da situação de ação, como o próprio nome sugere, o aluno atua na situação, efetuando ações e tomando atitude de acordo com as reações do meio (milieu) antagonista. De acordo com Brousseau (2008, p. 28) "Para um sujeito, 'atuar' consiste em escolher diretamente os estados do meio antagonista em função de suas próprias motivações". O meio ao reagir com determinada regularidade, permite ao sujeito poder se precaver e passar a tomar atitudes e ter respostas antecipadas com vistas a otimizar as suas ações (GERMANO, 2016).

Na situação de formulação, o aluno é instigado a formular suas ideias acerca das atividades intrínsecas ao jogo, ao meio em está ocorrendo o processo de aprendizagem. "Nessa etapa, as crianças descobrem a importância de discutir e definir estratégias" (BROUSSEAU, 2008, p.24). Assim, os discentes, diante de tópicos de Eletricidade em Corrente Alternada, podem suscitar eventuais conjecturas, levantar questionamentos que podem se desdobrar em possíveis hipóteses que serão ou não validadas e/ou institucionalizadas oportunamente.

No decorrer da situação de validação, os alunos são estimulados a um debate respeitoso entre si, de modo que uns procuram convencer os outros que as suas respectivas estratégias são as mais adequadas para atingir determinados objetivos. Guy Brousseau ainda destaca que na situação de validação "O aluno não só deve comunicar uma informação, como também precisa afirmar que o que diz é verdadeiro dentro de um sistema determinado. Deve sustentar sua opinião ou apresentar uma demonstração" (BROUSSEAU, 2008, p. 27). Ou seja, na validação o aluno precisa, além de expor de suas posições, trazer argumentações plausíveis, organizando seus enunciados através de demonstrações (GERMANO, 2016).

As situações de ação, formulação e validação são imprescindíveis e "podem conjugar-se para acelerar as aprendizagens (sejam elas espontâneas ou não)" (BROUSSEAU, 2008, p. 32). Não obstante, Germano (2016) reforça que para corroborar com a consolidação de determinados conhecimentos socialmente aceitos e tendo-se reconhecidas as suas importâncias culturalmente, faz-se a necessária a institucionalização das situações (BROUSSEAU, 2008).

Para Almouloud (2007), acerca da dialética da institucionalização, o professor fixa convencionalmente e explicitamente o estatuto do saber. Nessa etapa, os conhecimentos são formalmente elaborados e instituídos, de maneira a serem notoriamente constituintes de um arcabouço cultural institucionalizado denominado saber.

Por conseguinte, Brousseau (2008, p. 33) defende que a "ação e, posteriormente, a formulação, a validação cultural e a institucionalização parecem constituir uma ordem razoável para a construção dos saberes". Durante esta pesquisa, serão propiciadas aos alunos e ao professor pesquisador, à luz da TSD de Brousseau (2008), as condições necessárias para que ocorram tais situações, com relação aos assuntos de Eletricidade CA/Circuitos CA.

Ademais, a utilização dos princípios da Engenharia Didática, enquanto metodologia de pesquisa, propicia uma previsão e sistematização de fases (ou etapas), o que possibilita a teorização de uma prática de ensino na qual uma sequência didática será proposta e apoiada na TSD e com uso do software GeoGebra. Ressalte-se ainda que, de acordo com Pais (2019), na análise preliminar são realizadas as inferências cabíveis, "tais como levantar constatações empíricas, destacar concepções dos sujeitos envolvidos e compreender as condições da realidade sobre a qual a experiência será realizada" (PAIS, 2019, p. 101).

DISCUSSÕES ACERCA DE DADOS E RESULTADOS

De acordo com os fundamentos da Engenharia Didática, os dados e resultados da pesquisa são obtidos e analisados no decorrer do processo de ensino. Então, é de fundamental importância o cumprimento das etapas (fases) da ED no transcorrer da pesquisa.

Segundo Pais (2019), no campo da ED, a etapa da concepção e análise a priori consiste na definição de certo número de variáveis de comando do sistema de ensino que supostamente interferem na constituição do fenômeno. De acordo com Pais (2019), com a da análise a priori é possível determinar quais são as variáveis escolhidas sobre as quais se torna possível exercer algum tipo de controle, relacionando o conteúdo estudado (neste nosso intento: Eletricidade CA/Circuitos CA) com as atividades que os alunos podem desenvolver para a apreensão dos conceitos em questão.

A fase de experimentação da Engenharia Didática (ED), ou seja, a aplicação de uma Sequência Didática (SD) é de grande relevância. E de que é formada uma SD? "Uma sequência didática é formada por certo número de aulas (sessões) planejadas a analisadas previamente com a finalidade de observar situações de aprendizagem, envolvendo os conceitos previstos na pesquisa didática" (PAIS, 2019, p. 102).

Por conseguinte, com suporte dessa etapa de aplicação da SD, bem como da etapa de análise a priori, efetuaremos propostas de intervenções a serem realizadas pelos docentes, visando maximizar os resultados dos processos de ensino e de aprendizagem de Eletricidade CA/Circuitos CA.

Ressalte-se que o registro da sequência didática deve ser fiel à realidade em que foi realizada (PAIS, 2019). Conforme Germano (2016), para a coleta e o registro dos dados relevantes, pretendemos também utilizar testes no decorrer da pesquisa; além dos testes, obteremos proveito das contribuições provindas da chamada observação participante, que será possível graças à interação entre o pesquisador e a população pesquisada.

Corroborando para os resultados da pesquisa, serão coletados, numa gama considerável, os dados obtidos de acordo com os registros disponibilizados no software GeoGebra, bem como a realização do processamento no sentido de efetivar a catalogação adequada dos dados, concretizando a identificação da frequência quanto ao uso dos recursos e demais ferramentas no GeoGebra, para realizar inferências a esse respeito (GERMANO, 2016).

No GeoGebra existem várias opções de registros de dados, das atividades realizadas, como por exemplo, gravar, compartilhar e exportar cópias para a área de transferência, inclusive exportar também para planilha dinâmica como página WEB (html).

Pais (2019, p. 103) esclarece que: "A fase da análise a posteriori refere-se ao tratamento das informações obtidas por ocasião da aplicação da sequência didática, que é a parte efetivamente experimental da pesquisa". Dessa forma, pretendemos proceder com a realização de análises e ações detalhadas com reflexões críticas sistemáticas no âmbito das etapas da metodologia de Engenharia Didática, conforme Artigue (1996, apud PAIS, 2019). Então, almejaremos efetuar a identificação de padrões de comportamentos de dados e as relações com os rendimentos acadêmicos dos alunos.

Na Engenharia Didática, de acordo com Pais (2019, p. 103): "a validação dos resultados é obtida pela confrontação entre os dados obtidos na análise a priori e a posteriori, verificando as hipóteses feitas no início da pesquisa". Temos a expectativa de que os resultados possam ser validados, visto que esperamos também que os estudos preliminares da pesquisa apontem dados pujantes, embora tenhamos o entendimento de que é necessária a atenção quanto às adaptações plausíveis, além de termos cautela e vigilância quanto às situações no ensino (BROUSSEAU, 2008). Nesse sentido, esperamos que, com os resultados obtidos, venhamos proceder à devida confrontação entre os dados da pesquisa, com vistas à eventual validação desses resultados.

CONSIDERAÇÕES FINAIS

Como predito, realizamos algumas considerações preliminares, de modo que as ações e reflexões iniciadas neste trabalho terão continuidade, de maneira que a abordagem de Ensino de Eletricidade em Corrente Alternada fomentada neste escrito pode ser desenvolvida e aplicada de acordo com os pressupostos metodológicos da TSD e da ED, com apoio do GeoGebra. A propositura de ensino em curso tende a ser exequível dentro do cronograma condizente com o transcorrer de atividades no âmbito do Doutorado Acadêmico em Ensino, com ênfase no Ensino de Ciências, Matemática e Engenharias, ofertado pelo Instituto Federal de Educação, Ciência e Tecnologia do Ceará – IFCE, Campus Fortaleza, instituição associada da RENOEN – Rede Nordeste de Ensino.

Que o projeto de pesquisa em andamento (do qual este trabalho é parte) no escopo de atividades do Doutorado tenha prosseguimento e que venha colaborar para avanços do conhecimento na área de Ensino (CAPES, 2019), bem como que o trabalho consoante a Sequência Didática (SD) oriunda da referida pesquisa "possa ser disseminado, analisado e utilizado por outros professores", conforme defendem Moreira e Nardi (2009, p. 4), e assim contribuir para melhores resultados na área do Ensino de Ciências e Matemática, inclusive no Ensino de Física e Ensino de Engenharias.

REFERÊNCIAS

ALBUQUERQUE, R. O. **Análise de Circuitos em Corrente Alternada**. – 2.ed. reform. São Paulo: Érica, 2015.

ALMOULOUD, S. A.. **Fundamentos da Didática da Matemática.** Curitiba - PR: Editora UFPR, 2007.

AMORIM, T. M. **O estudo dos números complexos no ensino médio:** uma abordagem com a utilização do GeoGebra. 2014. 238 f. Dissertação (Mestrado em Ensino de Ciências Exatas) - Universidade Federal de São Carlos, UFSCar, São Carlos, 2014.

BARROSO, M. F.; RUBINI, G.; SILVA, T.. **Dificuldades na aprendizagem de Física sob a ótica dos resultados do Enem.** Revista Brasileira de Ensino de Física, São Paulo, v. 40, n. 4, e4402, 2018.

BRASIL. Ministério da Educação. Secretaria de Educação Fundamental. **Parâmetros curriculares nacionais:** matemática / Secretaria de Educação Fundamental. – Brasília: MEC/SEF, 1997.

BROUSSEAU, G. **Iniciación al estudio de la teoría de las situaciones didácticas.** Buenos Aires: Libros del Zorzal, 2020.

BROUSSEAU, G. **Fondements et Méthodes de la Didactique des Mathématiques.** Recherches em Didactique des Mathématiques, Grenoble, v. 7, n. 2, p. 33-116, 1986.

BROUSSEAU, G. **Introdução ao estudo da teoria das situações didáticas:** conteúdos e métodos de ensino. São Paulo: Ática, 2008.

COORDENAÇÃO DE APERFEIÇOAMENTO DE PESSOAL DE NÍVEL SUPERIOR.

CAPES. Diretoria de Avaliação. **Documento de Área – Área 46:** ENSINO. 2019. Disponível em: <https://www.gov.br/capes/pt-br/centrais-de-conteudo/ENSINO.pdf>. Acesso em: 26/04/2023.

COSTA, L. G.; BARROS, M. A. O ensino de física no Brasil: Problemas e desafios. *In*:____.(org.). **Educação no Século XXI** – v. 39 – Matemática, Química, Física/ Organização: Editora Poisson Belo Horizonte - MG: Poisson, 2019. p. 112127. Disponível em: https://www.poisson.com.br/livros/educacao/volume39/. Acesso em: 12 mai. 2022.

DEMO, P. **O mais importante da educação importante**. São Paulo: Atlas, 2012.

DORNELES, P. F. T.; ARAUJO, I. S.; VEIT, E. A. **Simulação e Modelagem Computacionais no Auxílio da Aprendizagem Significativa de Conceitos Básicos de Eletricidade: Parte I – Circuitos Elétricos Simples.** Revista Brasileira de Ensino de Física, São Paulo, v. 28, n. 4, p. 487-496, 2006.

GERMANO, J. G. da C.. **Uma proposta de abordagem dos números complexos com o uso do GeoGebra.** 2016. 131 f. Dissertação (Mestrado em Ensino de Ciências e Matemática) – Universidade Federal do Ceará, UFC, Fortaleza, 2016.

GUISASOLA, J. *et al.* **Dificultades persistentes en el aprendizaje de la electricidad:** estrategias de razonamiento de los estudiantes al explicar fenómenos de carga eléctrica. Enseñanza de las Ciencias, Barcelona, v. 26, n. 2, p. 177-192, set-dez. 2008.

HALLIDAY, D.; RESNIK, R.; WALKER, J. **Fundamentos de Física, v. 3:** ELETROMAGNETISMO – 9.ed.; tradução e revisão técnica Ronaldo Sérgio de Biasi. Rio de Janeiro: LTC, 2012.

HALLIDAY, D.; RESNIK, R.; WALKER, J. **Fundamentos de Física, v. 3:** Eletromagnetismo – 10.ed.; tradução e revisão técnica Ronaldo Sérgio de Biasi. Rio de Janeiro: LTC, 2020.

MARCUS, O. **Circuitos Elétricos - Corrente Contínua e Corrente Alternada - Teoria e Exercícios.** Érica, 9ª Edição, 2011.

MARINHO, E. C. P.; RODRIGUEZ, E. A. V.. **Aprendizagem no Ensino de Eletricidade desenvolvida por uma proposta de Educação por Projetos**. Ens. Tecnol. R., Londrina, v.4, n.1, p.21-35, jan/jun. 2020.

MOREIRA, M. A.; NARDI, R. **O mestrado profissional na área de Ensino de Ciências e Matemática:** alguns esclarecimentos. Revista Brasileira de Ensino, Ciência e Tecnologia, v. 2, n. 3, set./nov. 2009.

NARDI, R.; GONÇALVES, T.V.O. **A pós-graduação em Ensino de Ciências e Matemática no Brasil:** origens, características, programas e consolidação da pesquisa na área. São Paulo: Editora Livraria da Física, 2014, p. 56-84.

NEVES, R. C.. **Aplicações de Números Complexos em Geometria.** 2014. 87 f. Dissertação (Mestrado Profissional em Matemática). Instituto Nacional de Matemática Pura e Aplicada, IMPA, Rio de Janeiro, 2014.

PAIS, L. C. **Didática da Matemática:** uma análise da influência francesa. – 4. ed. Belo Horizonte: Autêntica Editora, 2019.

RÊGO, A. K.; RODRIGUES, C. L. C. **Eletricidade em CA**. Ouro Preto: IFMG – CEAD, 2015.

CAPÍTULO 6

METODOLOGIA DE APRENDIZAGEM BASEADA EM PROJETOS COM ÊNFASE EM COMPETÊNCIAS EM DISCIPLINAS DE ENGENHARIA DE *SOFTWARE*

Cynthia Pinheiro Santiago
José Wally Mendonça Menezes
Francisco José Alves de Aquino

RESUMO

Nos últimos anos têm-se percebido uma lacuna entre o ensino nas universidades e as necessidades da indústria em relação à formação dos futuros profissionais de áreas relacionadas à Computação. Enquanto por um lado, as aulas possuem um denso conteúdo teórico-conceitual e são apresentadas de forma expositiva, por outro lado a falta de experiências realistas torna desafiador para os alunos adquirir habilidades básicas necessárias para a colaboração no desenvolvimento de projetos de *software*. Como consequência, estas áreas apresentam um percentual elevado de evasão estudantil, enquanto o déficit de profissionais em tecnologia já é expressivo e preocupante. Este capítulo tem como objetivo apresentar a metodologia de aprendizagem baseada em projetos no contexto de disciplinas de Engenharia de *Software* como forma de aproximar teoria e prática, através do engajamento do aluno em projetos realistas que contribuam para sua permanência e êxito durante a graduação e para seu futuro sucesso profissional. Para tanto, são apresentadas iniciativas bem-sucedidas de aplicação desta metodologia, considerando os processos, as etapas de desenvolvimento e os artefatos de *software* em contextos que simulam o ambiente industrial. Os resultados obtidos sugerem ser esta uma metodologia promissora - tanto do ponto de visto do ensino como da aprendizagem - para futuros engenheiros de *software*.

Palavras-chave: Ensino de engenharia de *software*. Aprendizagem baseada em projetos. Desenvolvimento de competências.

INTRODUÇÃO

Nos próximos anos, há uma projeção de que o número de graduados em áreas ligadas à Computação será insuficiente para atender o mercado de Tecnologia da Informação e Comunicação (TIC)[3]. Além disso, ainda é possível perceber uma lacuna entre a academia e a indústria com relação à formação dos futuros profissionais de áreas correlatas à Computação: frequentemente a academia com seu ensino tradicional, com aulas expositivas e grande conteúdo teórico, não atende às necessidades da indústria, que é dinâmica e em constante transformação, onde o engenheiro de *software* deve ser capaz de desenvolver habilidades técnicas e não técnicas a fim de cumprir com suas atribuições (OGUZ; OGUZ, 2019).

Uma das formas de conseguir esse objetivo é simular entre os estudantes, ainda durante a sua formação, um ambiente industrial onde eles possam fixar os conteúdos colocando-os em prática da mesma forma como ocorre na indústria: através de projetos de *software*.

Com este fim, neste capítulo apresentamos a metodologia de aprendizagem baseada em projetos (ABPj) que é uma das mais mencionadas e aplicadas na literatura no contexto do ensino em áreas relacionadas à Computação (LIMA et al., 2019). Esta metodologia leva ainda em conta o desenvolvimento de competências técnicas (hard skills) e não técnicas (soft skills) dos estudantes, uma vez que estes relatam dificuldades com o trabalho em equipe, comunicação ou resolução de conflitos (GROENEVELD et al., 2019).

Este capítulo também traz um conjunto de relatos de experiências bem-sucedidas do uso da metodologia ABPj em disciplinas relacionadas a ES, o que comprova sua eficácia tanto em relação ao aprendizado quanto à satisfação dos estudantes, habilitando-a assim a ser aplicada amplamente em disciplinas de ES e Computação ou mesmo a ser adaptada a outras disciplinas de Engenharia, considerando as especificidades de cada caso.

---

3   https://www.correiobraziliense.com.br/euestudante/trabalho-e-formacao/2021/05/4926392-apagao-na-area-deti-sobram-vagas-mas-falta-mao-de-obra.html. Acesso em 05/05/2022.

O restante deste capítulo está organizado como se segue: na seção 2 é descrito o referencial teórico deste capítulo ao aprofundar sobre o ensino de Engenharia de *Software*, a metodologia ABPj e como aplica-la no ensino de ES; na seção 3 listamos alguns trabalhos recentes que relatam experiências bem sucedidas na aplicação desta metodologia em disciplinas de Computação e Engenharia de *Software* e, por fim, na seção 4, apresentamos algumas considerações finais, bem como intenções de trabalhos futuros.

REFERENCIAL TEÓRICO

Ensino de Engenharia de *Software* (ES)

A ES, como área do conhecimento, trata da aplicação de abordagens sistemáticas, disciplinadas e quantificáveis para desenvolver, operar, manter e evoluir *software*. Em outras palavras, é a área da Computação que se preocupa em propor e aplicar princípios de engenharia na construção de *software* (VALENTE, 2020).

A ES, como disciplina, tem seu currículo baseado no livro SWEBOK (*Software Engineering Body of Knowledge* ou Corpo de Conhecimento em Engenharia de *Software*, em português), composto por quinze áreas de conhecimento, juntamente com sete disciplinas relacionadas (BOURQUE; FAIRLEY, 2004). O SWEBOK tem como objetivo direcionar os alunos quanto às habilidades necessárias para realizar a transição para o mercado de trabalho e se adequar à indústria (DEVADIGA, 2017). A dimensão das habilidades contida no SWEBOK representa as capacidades dos alunos e de engenheiros de *software*, que são adquiridas tanto por educação formal como por experiência, dependendo do tipo e do contexto (OGUZ; OGUZ, 2019).

Normalmente o conteúdo do SWEBOK é apresentado nas disciplinas de ES com um denso conteúdo teórico-conceitual e ensinado de forma tradicional, com aulas expositivas e leituras complementares (CUNHA et al., 2018).

A natureza fundamentalmente prática da ES, na maioria das vezes, entra em confronto com a maneira predominantemente teórica com que se dá o ensino nestas disciplinas. O ensino focado apenas na parte teórica pode ocasionar a desmotivação dos estudantes, visto que, eles podem não conseguir entender como os problemas surgem ou quais suas principais causas e consequências em um ambiente real (TONHÃO et al., 2021).

Em outras situações, o curso de ES pode contemplar a competência prática, mediante o desenvolvimento de um projeto final (CUNHA et al., 2018). No entanto, os estudantes percebem que os projetos da vida real são diferentes daqueles que realizaram durante sua educação. Essa situação cria uma lacuna entre a academia e a indústria onde, entre os possíveis motivos, estão: (i) a profissão de engenheiro de *software* é capaz de reagir rapidamente a novas plataformas e tendências que exigem a aquisição de novas habilidades, enquanto que a academia não é; (ii) a academia não é rápida o suficiente para incorporar as mudanças na profissão em seu currículo; (iii) é um desafio criar experiências realistas no ensino de engenharia e (iv) a falta de experiências realistas torna mais desafiador para os alunos adquirir habilidades básicas que são necessárias para a colaboração no desenvolvimento de projetos de *software* em grande escala (OGUZ; OGUZ, 2019).

Integrar teoria e prática é um grande desafio para as universidades, sendo que esse processo exige tempo e recursos. Seriam necessários também professores com experiência em desenvolvimento de *software* e, em alguns casos, clientes reais para atuarem em contrapartida nos projetos (CUNHA et al., 2018).

Por outro lado, as diretrizes curriculares do ACM/IEEE enfatizam a necessidade de proporcionar aos alunos experiências práticas suficientes para o desenvolvimento das competências esperadas em profissionais de ES (ARDIS et al., 2015). No Brasil, baseados nas Diretrizes Curriculares Nacionais[4], os referenciais de formação para as disciplinas de graduação na área da Computação, incluindo ES, apresentam uma proposta baseada em competências, em vez de conteúdo.

Nesse contexto, soft skills, como liderança, trabalho em equipe, tomada de decisão, negociação e autorreflexão, são competências importantes para a prática de ES, uma vez que o desenvolvimento de *software* também envolve diversos aspectos humanos e sociais (Figura 6.1). No entanto, o desenvolvimento dessas capacidades transversais é geralmente pouco apoiado em programas de graduação em Ciência da Computação ou ES (SOUZA et al., 2019).

---

4   Disponível em https://www.in.gov.br/materia/-/asset_publisher/Kujrw0TZC2Mb/content/id/22073129/do12016-11-17-resolucao-n-5-de-16-de-novembro-de-2016-22073052. Acesso em: 16/04/2022.

Figura 6.1 - *Soft Skills* em Engenharia de *Software*.

Fonte: Traduzido de https://careerkarma.com/careers/software-engineer/.

Embora existam muitos estudos que enfatizam a importância das habilidades sociais, elas também são uma das causas da lacuna entre a academia e a indústria, uma vez que os engenheiros de *software* em início de carreira relatam que não se sentem preparados para a comunicação e o trabalho em equipe, onde as soft skills são mais necessárias (OGUZ; OGUZ, 2019). Em muitos casos as empresas de *software* têm que complementar os conhecimentos dos recém-formados com treinamentos e prover meios de desenvolver tanto hard como soft skills, relacionadas ao desenvolvimento de sistemas de *software* (MEIRELES; BONIFÁCIO, 2015).

Outro problema a ser enfrentado é a grande evasão que existe em cursos relacionados à Computação, como ES. Em um estudo realizado por Baggi e Lopes (2011), sobre a evasão no ensino superior de uma forma geral, verificou-se que as causas para a evasão são muito diversas e dependem de fatores sociais, culturais, políticos e econômicos em que a instituição se encontra. Uma causa possível seria a má qualidade do ensino ofertado pela instituição, levando à desmotivação e perda do aluno. Isso requer uma maior reflexão a respeito, permitindo assim elaborar propostas mais eficazes de combate à evasão. Sendo assim a evasão pode estar, em muitos casos, associada diretamente a fatores institucionais (HOED, 2016). Em se tratando de cursos relacionados à Computação a situação não é diferente.

Segundo o Relatório Brasscom[5], sobre Formação Educacional e Empregabilidade em Tecnologias da Informação e Comunicação (TIC), há uma demanda prevista de 420 mil profissionais entre 2018-2024, o que quer dizer que serão necessários 70 mil profissionais ao ano até 2024. No entanto, a oferta é de apenas 46 mil alunos formados com perfil tecnológico no ensino superior por ano, o que incorre em um grande déficit de profissionais. Segundo dados de 2017 do presente relatório, foram ofertadas 381.461 vagas no ensino superior para a formação presencial em TIC, para as quais houveram 785.687 inscritos, com a realização de 120.212 matrículas. No entanto, dos alunos matriculados, apenas 37.719 concluíram o curso e, destes, apenas 20.665 empregaram-se, conforme pode ser visto no resumo da Figura 6.2.

Figura 6.2 - Inscritos x Vagas x Matrículas x Concluintes x Empregados em 2017 para formados com perfil tecnológico no ensino superior.

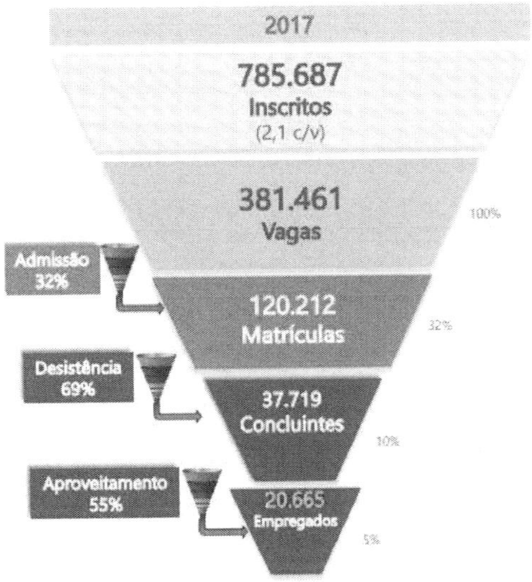

Fonte: Relatório Brasscom, 2023.

No Instituto Federal de Educação, Ciência e Tecnologia do Ceará (IFCE), situação semelhante ocorre nos cursos de Bacharelado em Ciência da Computação e Engenharia de Computação. De 2013 até 2022, segundo o portal IFCE em Números, para os cursos de Bacharelado em Ciência da

---

5   Disponível em https://brasscom.org.br/wp-content/uploads/2021/10/BRI2-2019-010-P02-Formacao-Educacional-e-Empregabilidade-em-TIC-v83.pdf. Acesso em 16/04/2022

Computação, de um total de 2090 estudantes matriculados, 704 (33,68%) encontravam-se em situação de evasão e apenas 117 (5,6%) haviam concluído o curso (Figura 6.3). De forma similar, para o curso de Engenharia de Computação, de um total de 841 estudantes matriculados, 273 (32,43%) encontravam-se em situação de evasão e somente 70 (8,32%) haviam concluído o curso (Figura 6.4).

Como agravante para esta situação de evasão, podemos ter problemas ligados à didática no ensino em sala de aula, o que dificulta a aprendizagem. Segundo Borges (2000), o modo tradicional de ensino de disciplinas que envolvem algoritmos e programação, por exemplo, não consegue facilmente motivar os alunos a se interessar pelo assunto. Entre outras razões, isso ocorre, porque não é clara para os estudantes a importância de certos conteúdos para sua formação. É importante que o ensino seja prazeroso e englobe situações reais e dinâmicas para envolver o discente (HOED, 2016).

Figura 6.3 - Situação de matrículas dos cursos de Ciência da Computação no IFCE (*Campi* Aracati, Maracanaú e Tianguá).

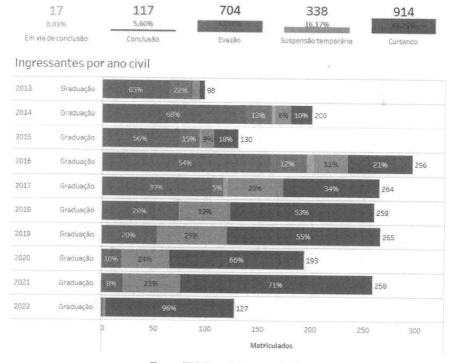

Fonte: IFCE em Números, 2022.

Figura 6.4 - Situação de matrículas do curso de Engenharia
de Computação no IFCE (*Campus* Fortaleza)

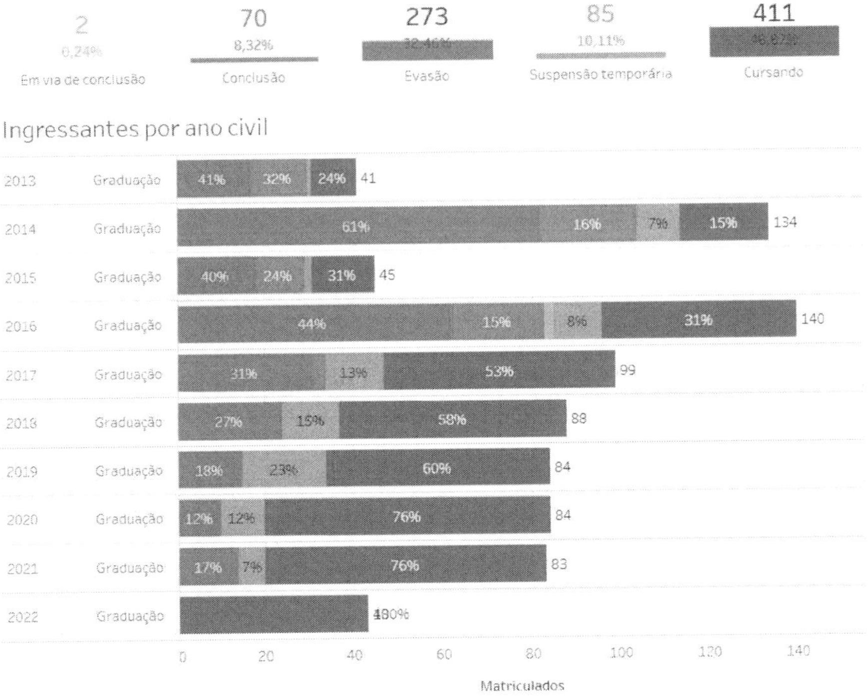

Fonte: IFCE em Números, 2022.

Segundo Oguz e Oguz (2019), o objetivo da academia não deveria ser a formação profissional propriamente dita, mas um meio-termo que equilibre os princípios fundamentais com os aspectos práticos da profissão. Para tanto, as universidades podem considerar, entre outras, as seguintes opções para diminuir a lacuna entre a academia e a indústria: (i) os professores devem se envolver em projetos reais da indústria para acompanhar as novas metodologias da profissão; (ii) os profissionais da indústria podem ser convidados para realizar exposições e apresentações para o corpo discente em disciplinas de ES; (iii) o realismo nos projetos do curso pode ser obtido convidando clientes reais para expor suas necessidades, em colaboração direta com a indústria; (iv) os professores devem apresentar projetos interessantes para atrair a atenção dos alunos, de modo que eles fiquem motivados a trabalhar; (v) a academia deve revisar o programa do curso com práticas técnicas e sociotécnicas, para englobar não apenas as *hard skills*, mas também as *soft skills* e (vi) os currículos dos programas de ES devem considerar diferentes abordagens de ensino e aprendizagem como, por exemplo, a aprendizagem baseada em projetos.

Aprendizagem Baseada em Projetos (ABPj)

O desenvolvimento da metodologia ABPj teve suas origens em 1900, quando o filósofo americano John Dewey (1859 – 1952) comprovou o "aprender mediante o fazer", valorizando, questionando e contextualizando a capacidade de pensar dos alunos numa forma gradativa de aquisição de um conhecimento relativo para resolver situações reais em projetos referentes aos conteúdos na área de estudos, que tinha como meta o desenvolvimento destes no aspecto físico, emocional e intelectual, por meio de métodos experimentais (MASSON *et al.*, 2012).

A ABPj é, portanto, uma proposta de ensino-aprendizagem que se concentra na concepção central e nos princípios de uma tarefa, envolvendo o aluno na investigação de soluções para os problemas e em outros objetivos significativos, permitindo assim ao estudante trabalhar de forma autônoma na construção do seu próprio conhecimento (TOYOHARA *et al.*, 2010). De acordo com Barbosa e Moura (2013), os projetos partem de um problema, uma necessidade, uma oportunidade ou interesses de uma pessoa, um grupo de pessoas ou uma organização. Entre as principais características dessa metodologia estão: o aluno é o centro do processo; desenvolve-se em grupos tutoriais; caracteriza-se por ser um processo ativo, cooperativo, integrado, interdisciplinar e orientado para a aprendizagem do aluno (MASSON *et al.*, 2012).

Sendo assim, três importantes critérios promovem um aprendizado mais eficaz com ABPj: (i) o aprendizado acontece em um ambiente onde os estudantes estão imersos na prática, em atividades em que recebem *feedback* de seus colegas estudantes e professores; (ii) os estudantes recebem guias e suporte de seus pares, de maneira a promover um ensino multidirecional envolvendo outros estudantes, professores e monitores, diferentemente do ensino convencional, normalmente unidirecional (do professor para o estudante); (iii) o aprendizado é funcional, a partir de problemas reais (CUNHA et al., 2018).

Na ABPj, os alunos geralmente recebem especificações sobre um produto e são incentivados a desenvolvê-lo de acordo com procedimentos bem definidos.

Na medida em que vão desenvolvendo esse produto, podem se deparar com situações onde terão que resolver problemas que requerem um raciocínio sobre possíveis soluções, trazendo consequentemente momentos de aprendizagem a partir da resolução de problemas dentro do projeto (TONHÃO *et al.*, 2021).

A ABPj tem como uma das suas maiores vantagens a de criar ambientes de aprendizado empolgantes, reais e adaptados, estimulando a motivação e engajamento dos estudantes, características que são dificilmente encontradas no ambiente tradicional de ensino. Além disso, ela pode ser importante na exploração das competências individuais e do trabalho em equipe, e pode permitir ao estudante o desenvolvimento de habilidades de gerenciamento de projetos e resolução de conflitos (TONHÃO *et al.*, 2021).

Segundo Uzun, Pugliesi e Roland (2018), ainda existem outras vantagens como: os alunos são motivados pelo dinamismo ao se envolverem com o projeto, pois interagem com a realidade e despertam a curiosidade para complementar as informações básicas obtidas para o desenvolvimento do projeto; os alunos conseguem desenvolver habilidades de relacionar diversas disciplinas/conteúdos objetivando encontrar a solução do projeto; desenvolve o pensamento crítico, pois é necessário que o aluno reflita, elabore e organize os conhecimentos adquiridos para desenvolver o projeto; impulsiona a interação e as habilidades interpessoais, já que os alunos precisam conviver e trabalhar com os colegas.

Por outro lado, um dos problemas da ABPj é que, quando se desenvolve um projeto, os estudantes e o professor podem perder o foco dos objetivos de aprendizagem estabelecidos. Assim, o desenvolvimento do projeto pode não demonstrar os conteúdos curriculares propostos para a aprendizagem. Mesmo que o protagonismo dos discentes nessas situações de aprendizado seja mais acentuado, é imprescindível acompanhar cada etapa do projeto, cabendo ao professor oferecer-lhes ajuda e orientação durante todo esse período (SALES *et al.*, 2020).

Outras desvantagens são: a insegurança inicial dos alunos, por ser um método diferente de ensino-aprendizagem; o tempo maior que é necessário para a aplicação de ABPj em relação ao ensino tradicional, pois a construção do conhecimento é um caminho que demanda mais tempo; a inadequação do currículo, já que os conteúdos necessários para resolver o problema são ministrados nas disciplinas de forma distinta, o que dificulta para os alunos chegar ao resultado final; a forma de avaliação, que requer maior critério e discernimento e, por fim, a falta de preparo do próprio professor, que pode prejudicar a aplicabilidade do método (UZUN; PUGLIESI; ROLAND, 2018).

Aprendizagem Baseada em Projetos no Ensino de Engenharia de *Software*

A ABPj, de uma forma geral, é definida pela utilização de projetos realistas, baseados em uma questão, tarefa ou problema motivador e envolvente, com o objetivo de ensinar conteúdos acadêmicos aos alunos no contexto do trabalho cooperativo para a resolução de problemas (BENDER, 2015).

A motivação da ABPj é que o grupo seja capaz de criar um possível projeto para construir, investigar ou explicar um problema. Esse esforço para organizar projetos em torno de situações reais torna o estudante protagonista de sua aprendizagem através de uma experiência de educação autêntica, com tarefas que são solicitados a concretizar no mundo a sua volta (ANTUNES *et al.*, 2019).

A ABPj é uma abordagem que vem ganhando destaque no ensino de ES, visto que possui a capacidade de proporcionar experiências práticas aos estudantes. A utilização de exemplos reais, de planos e ferramentas baseados na indústria, assim como a possibilidade de progressão dos alunos no ciclo de vida do *software*, são considerados importantes aspectos da ABPj em ES, pois aproximam a aprendizagem daquilo que a indústria exige (TONHÃO et al., 2021). Nesse contexto, os estudantes precisam saber não só como codificar adequadamente, mas também precisam saber manejar-se em áreas de ES como Requisitos, Arquitetura e Testes. Além disso, eles devem ser capazes de compreender e usar ferramentas, bibliotecas e *frameworks* - os elementos integrantes do desenvolvimento de *software* moderno (GUPTA; NGUYEN-DUC, 2021).

Com relação às *soft skills*, o elemento mais comum do ABPj em ES é o trabalho em equipe: os alunos devem ser capazes de compreender a importância de um bom trabalho em equipe e a dinâmica de equipe. Espera-se que os alunos enfrentem situações como lidar com clientes difíceis, coordenar esforços, distribuição de tarefas e responsabilidades e resolução coletiva de problemas. Os alunos obterão, assim, habilidades relacionadas à comunicação, gerenciamento de tarefas, tomada de decisão coletiva, retrospecção de equipe e liderança (GUPTA; NGUYEN-DUC, 2021).

Propostas de uso de ABPJ em ES

Na presente seção, serão abordados diferentes trabalhos que contemplam os temas "Ensino de ES" e "ABPj no ensino de ES", que são estreitamente relacionados ao tema deste trabalho. O objetivo desta seção é oferecer um embasamento teórico na forma de uma revisão informal de literatura dos tópicos tratados neste capítulo.

Segundo Sales *et al.* (2020), na literatura atual não existe algo que forneça uma orientação sistemática para operacionalizar a ABPj em nível de graduação, permitindo experimentações de conteúdos com viabilidade comprovada. No entanto, recentes trabalhos foram bem-sucedidos no sentido de integrar ABPj e ES.

Por exemplo, a abordagem proposta por Tonhão *et al.* (2021) visa a aplicação da ABPj juntamente com técnicas de gamificação. Nesta abordagem, o projeto, o escopo e as áreas de ES que os estudantes vão trabalhar são definidos no início da disciplina, assim como um cronograma de execução é elaborado pelo professor, com ordem e tempo de aplicação para as atividades. Na sequência, as equipes são divididas e, no decorrer do projeto, pontos e medalhas são atribuídos aos grupos de acordo com o cumprimento do cronograma.

Serrano *et al.* (2021) relatam a experiência sobre o uso da ABPj na disciplina de Requisitos de *Software* (RS), uma das áreas de ES segundo o SWEBOK. A abordagem orientou-se por módulos, onde cada módulo tinha a perspectiva voltada para um tópico de relevância da área de RS, como técnicas de elicitação e de priorização de requisitos, por exemplo. Concluiu-se que esta abordagem foi generalista o suficiente para atender disciplinas com perfis similares a RS: essencialmente teórica, onde se torna difícil despertar o interesse dos discentes e desenvolver competências profissionais desejadas no mercado, tais como proatividade, senso crítico e harmonia no trabalho coletivo.

Uzun, Pugliesi e Roland (2018) utilizaram ABPj envolvendo as disciplinas de Estatística Aplicada, Interação Humano Computador, ES e Linguagem de Programação. Foi proposto aos alunos o desenvolvimento de um *software* de Análise Estatística, com levantamento de requisitos, documentação e projeto do *software*. Todas estas atividades utilizavam técnicas e métodos de ES, bem como prototipação da interface com conceitos, padrões e ferramentas de Interação Humano Computador. Como ponto forte da aplicação deste método esteve a satisfação dos alunos, já que 93,8% deles disseram que gostaram de ser desafiados com projetos inovadores que vão proporcionar aprendizagem em diferentes esferas. Por meio da elaboração do projeto solicitado, os alunos tiveram a oportunidade de construir e reconstruir seu conhecimento, houve mais interação com os colegas e professor, conseguiram relacionar diferentes disciplinas, desenvolveram habilidades comunicativas; se comprometeram com as disciplinas e com a aproximação da teoria com a prática.

Vázquez-Ingelmo *et al.* (2019) relatam a experiência de três anos aplicando ABPj em uma disciplina de ES. Neste caso, no início da disciplina, enuncia-se o contexto do projeto e uma série de objetivos gerais que o sistema a ser modelado deve atender. São os próprios alunos que devem definir a especificação dos requisitos e desenvolver o modelo do sistema de acordo com os seus próprios critérios, valorizando-se a originalidade das soluções propostas e a correta execução dos processos de engenharia. O projeto segue uma estrutura de entregas incrementais baseadas em marcos, de forma que estes sejam entregues ao longo do curso. Na primeira etapa, os alunos devem especificar os requisitos do sistema. Na segunda, o modelo de domínio e um breve relatório técnico, e na terceira e última etapa, o modelo de análise completo. Os professores desempenham o papel de clientes, fornecendo *feedbacks* semanais a cada grupo. Por outro lado, os alunos podem corrigir problemas detectados pelos clientes, os quais terão impacto direto na nota obtida na etapa correspondente.

Gupta e Nguyen-Duc (2021) contam com a participação de clientes reais nos projetos que são desenvolvidos nas disciplinas de ES. Neste caso, os clientes participam nos cursos acadêmicos para obter algumas vantagens como ter acesso a alunos para fins de recrutamento e obtenção de benefícios diretos ou indiretos dos resultados do projeto. Os alunos se envolvem em todas as três fases do projeto: planejamento, execução e encerramento. Na fase de planejamento, os alunos conhecem os membros da equipe, clientes e suas necessidades. Geralmente, os alunos decidem voluntariamente suas funções e áreas de responsabilidade. Eles também fazem um plano de projeto preliminar e configuram o ambiente de trabalho. Na fase de execução, os projetos costumam ser divididos em módulos com entregas frequentes às partes interessadas.

Os projetos dos alunos devem demonstrar execução de atividades de ES (ou seja, elicitação de requisitos, *design* de sistema, codificação e testes). Na fase de encerramento, os resultados do projeto são demonstrados e apresentados aos clientes.

Todos os estudos acima avaliam os artefatos de *software* produzidos pelos estudantes quanto à qualidade e ao tempo de entrega, como fatores para cálculo de notas.

CONSIDERAÇÕES FINAIS

Neste trabalho, procuramos apresentar um panorama atual do ensino em ES bem como a metodologia ABPj e listamos, a título de revisão informal da literatura, relatos de experiências bem-sucedidas quanto à aplicação deste método em disciplinas de cursos de Computação e Engenharia de *Software*. Com base nos resultados apresentados, consideramos ser este ser um método promissor tanto do ponto de visto do ensino como da aprendizagem de futuros engenheiros de *software*, já que simula ainda na academia a prática profissional da indústria.

Como trabalhos futuros, para melhor avaliar a hipótese mencionada no parágrafo anterior, em um primeiro momento, será feita uma revisão sistemática da literatura a respeito do uso de ABPj em disciplinas relacionadas à ES e, em um momento posterior, será conduzida uma pesquisa experimental envolvendo a aplicação deste método em turmas regulares das referidas disciplinas, obtendo-se dessa forma dados quantitativos e qualitativos com o fim de avaliar a eficácia do método neste contexto.

REFERÊNCIAS

ANTUNES, Jeferson *et al*. Metodologias ativas na educação: problemas, projetos e cooperação na realidade educativa. **Informática na Educação**: teoria & prática, v. 22, n. 1, 30 maio 2019. Universidade Federal do Rio Grande do Sul. http://dx.doi.org/10.22456/19821654.88792.

ARDIS, Mark *et al*. SE 2014: Curriculum Guidelines for Undergraduate Degree Programs in Software Engineering. **Computer**, v. 48, n. 11, p. 106-109, 23 fev. 2015. Institute of Electrical and Electronics Engineers (IEEE). http://dx.doi.org/10.1109/mc.2015.345.

METODOLOGIA DE APRENDIZAGEM BASEADA EM PROJETOS COM ÊNFASE EM COMPETÊNCIAS...

BAGGI, Cristiane Aparecida dos Santos; LOPES, Doraci Alves. Evasão e avaliação institucional no ensino superior: uma discussão bibliográfica. **Avaliação: Revista da Avaliação da Educação Superior**, Campinas, v. 2, n. 16, p. 355-374, jul. 2011.

BARBOSA, Eduardo Fernandes; MOURA, Dácio Guimarães de. Metodologias ativas de aprendizagem na educação profissional e tecnológica. **Boletim Técnico do SENAC**, v. 39, n. 2, p. 48-67, nov. 2013.

BENDER, Willian N. **Aprendizagem Baseada em Projetos: Educação Diferenciada para o Século XXI**. Penso Editora, 2015.

BORGES, Marcos Augusto F.. Avaliação de uma Metodologia Alternativa para a

Aprendizagem de Programação. **VIII Workshop de Educação em Computação**, Curitiba, n. 8, p. 15, jul. 2000.

BOURQUE, Pierre; FAIRLEY, R. E. **SWEBOK : Guide to the Software Engineering Body of Knowledge**. Los Alamitos, CA: IEEE Computer Society, 2004.

CUNHA, José Adson O. G. da *et al*. Software engineering education in Brazil. **Proceedings of the XXXII Brazilian Symposium on Software Engineering - SBES '18**, p. 348-356, set. 2018. ACM Press. http://dx.doi.org/10.1145/3266237.3266259.

DEVADIGA, Nitish M.. Software Engineering Education: converging with the startup industry. **2017 IEEE 30th Conference on Software Engineering Education and Training (CSEE&T)**, p. 192-196, nov. 2017. IEEE. http://dx.doi.org/10.1109/cseet.2017.38. GROENEVELD, Wouter *et al*. Software Engineering Education Beyond the Technical. **Acro PHD Seminars**, Diepenbeek, Belgium, maio 2019.

GUPTA, Varun; NGUYEN-DUC, Anh. **Real-World Software Projects for Computer Science and Engineering Students**. Boca Raton, FL: CRC Press, 2021.

HOED, Raphael Magalhães. **Análise da evasão em cursos superiores: o caso da evasão em cursos superiores da área de Computação**. 2016. 188 f. Dissertação (Mestrado) - Mestrado Profissional em Computação Aplicada, Universidade de Brasília, Brasília, 2016.

LIMA, José Vinícius *et al*. As Metodologias Ativas e o Ensino em Engenharia de Software: uma revisão sistemática da literatura. **Anais do XXV Workshop de Informática na Escola (WIE 2019)**, v. 25, n. 1, p. 1014-1023, 11 nov. 2019. Sociedade Brasileira de Computação (SBC). http://dx.doi.org/10.5753/cbie.wie.2019.1014.

MASSON, Terezinha Jocelen *et al.* Metodologia de ensino: aprendizagem baseada em projetos (PBL). **Anais do XI Congresso Brasileiro de Educação em Engenharia (COBENGE)**, Belém, p. 13, set. 2012.

MEIRELES, Maria Alcimar Costa; BONIFÁCIO, Bruno Araújo. Uso de Métodos Ágeis e Aprendizagem Baseada em Problema no Ensino de Engenharia de Software: um relato de experiência. **Anais do XXVI Simpósio Brasileiro de Informática na Educação (SBIE 2015)**, v. 26, n. 1, p. 180, 26 out. 2015. Sociedade Brasileira de Computação - SBC. http://dx.doi.org/10.5753/cbie.sbie.2015.180.

OGUZ, Damla; OGUZ, Kaya. Perspectives on the Gap Between the Software Industry and the Software Engineering Education. **IEEE Access**, v. 7, p. 117527-117543, 04 set. 2019. Institute of Electrical and Electronics Engineers (IEEE). http://dx.doi.org/10.1109/access.2019.2936660.

SALES, André Barros de *et al.* Aprendizagem Baseada em Projetos na Disciplina de Interação Humano-Computador. **Revista Ibérica de Sistemas e Tecnologias de Informação**, n. 37, p. 49-64, jun. 2020.

SERRANO, Milene *et al.* DESENVOLVIMENTO DE COMPETÊNCIAS PROFISSIONAIS: relato da experiência utilizando aprendizagem baseada em projetos na disciplina de requisitos de software. **Revista de Ensino de Engenharia**, v. 40, n. 1, p. 76-81, 2021. Revista de Ensino em Engenharia. http://dx.doi.org/10.37702/ree2236-0158.v40p76-81.2021.

SOUZA, Maurício *et al.* Students Perception on the use of Project-Based Learning in Software Engineering Education. **Proceedings of the XXXIII Brazilian Symposium on Software Engineering**, p. 537-546, 23 set. 2019. ACM. http://dx.doi.org/10.1145/3350768.3352457.

TONHÃO, Simone de França *et al.* Uma abordagem prática apoiada pela aprendizagem baseada em projetos e gamificação para o ensino de Engenharia de Software. **Anais do I Simpósio Brasileiro de Educação em Computação (EDUCOMP 2021)**, p. 143-151, 26 abr. 2021. Sociedade Brasileira de Computação. http://dx.doi.org/10.5753/educomp.2021.14480.

TOYOHARA, Doroti Quiomi Kanashiro *et al.* Aprendizagem Baseada em Projetos – uma nova Estratégia de Ensino para o Desenvolvimento de Projetos. **PBL–Congresso Internacional**, São Paulo, fev. 2010.

UZUN, Maria Luísa Cervi; PUGLIESI, Jaqueline Brigladori; ROLAND, Carlos Eduardo de França. Aprendizagem baseada em projetos na perspectiva dos alunos. **Revista Profissão Docente**, [S.L.], v. 18, n. 39, p. 403-414, 21 dez. 2018. Revista Profissão Docente. http://dx.doi.org/10.31496/rpd.v18i39.1212.

VALENTE, Marco Tulio. **Engenharia de Software Moderna: Princípios e Práticas para Desenvolvimento de Software com Produtividade**. 2020. 408 p. Disponível em: https://engsoftmoderna.info/. Acesso em: 25 maio 2021.

VÁZQUEZ-INGELMO, Andrea *et al*. Resultados preliminares tras tres años aplicando aprendizaje basado en proyectos en ingeniería del software. **Aprendizaje, Innovación y Cooperación Como Impulsores del Cambio Metodológico**, p. 692-697. 2019. Servicio de Publicaciones Universidad. http://dx.doi.org/10.26754/cinaic.2019.0141.

CAPÍTULO 7

DIVULGAÇÃO CIENTÍFICA POR MEIO DO HISTÓRICO E DE AÇÕES DO GRUPO DE PESQUISA EM INOVAÇÃO DE RECURSOS DIDÁTICOS, PRODUTOS EDUCACIONAIS E TECNOLÓGICOS (GREPET)

José Gleison Gomes Capistrano
Lana Priscila Souza
Sandro César Silveira Jucá
Solonildo Almeida da Silva

RESUMO

A divulgação científica abrange uma série de ações com o propósito de aproximar a sociedade do vasto mundo científico, tornando-o mais acessível. Os grupos de pesquisa, por sua vez, se concentram em tópicos específicos que demandam divulgação para compartilhar os avanços da ciência. Nesse contexto, este capítulo busca destacar a importância da divulgação científica, usando como exemplo as ações do "Grupo de Pesquisa em Inovação de Recursos Didáticos, Produtos Educacionais e Tecnológicos" (GREPET). Utilizando uma abordagem baseada em pesquisa documental, o capítulo analisa o surgimento e as iniciativas do grupo. O intercâmbio de conhecimento entre os membros deste grupo, registrado no diretório de grupos de pesquisa do CNPq, engloba profissionais e estudantes de diversas áreas e instituições acadêmicas. Além disso, o grupo mantém uma coleção on-line interdisciplinar e intercultural, facilitando a disseminação de recursos educacionais, científicos e tecnológicos de forma gratuita para toda a comunidade acadêmica. Adicionalmente, as narrativas sobre o histórico e as ações do grupo ressaltam o papel crucial que o mesmo desempenha na democratização do conhecimento científico e tecnológico. Isso, por sua vez, realça a relevância da divulgação científica e sua contribuição para a formação de profissionais que se destacam por sua postura crítica, ética e solidária.

Palavras-chave: Divulgação científica. GREPET. Produtos educacionais. Ensino. Aprendizagem.

INTRODUÇÃO

A propagação do conhecimento científico abrange uma ampla gama de atividades cujo principal objetivo é tornar o saber acessível. A organização desses conhecimentos frequentemente envolve diversas estruturas, incluindo grupos de pesquisa. Enquanto uma comunidade de práticas, os grupos possuem um campo de interesse comum que é amplamente delineado pela sua área científica, e de maneira mais precisa, delineado pelas questões específicas de pesquisa que exploram (MAINARDES, 2022). O autor enfatiza que esses grupos são "comunidades que colaboram em atividades de pesquisa, auxiliando-se mutuamente e trocando informações sobre seus interesses de pesquisa" (MAINARDES, 2022, p. 3-4).

Nesse contexto, o capítulo tem como objetivo evidenciar a divulgação científica por meio do histórico e da apresentação de algumas ações realizadas pelo "Grupo de Pesquisa em Inovação de Recursos Didáticos, Produtos Educacionais e Tecnológicos" – GREPET (Figura 7.1). Registrado no diretório de grupos de pesquisa do CNPq, este grupo é composto por profissionais e estudantes de diversas áreas do conhecimento, oriundos de várias instituições, e mantém um repositório on-line e interdisciplinar de materiais que contribuem para a disseminação do conhecimento científico em toda a comunidade acadêmica.

Figura 7.1: Logo do grupo de pesquisa GREPET

Fonte: Grupo de Pesquisa GREPET (2023).

Uma das iniciativas notáveis concebidas pelo grupo e que alcançou grande reconhecimento é a criação da obra intitulada "Plataforma com acervo progressivo de produtos educacionais e tecnológicos" (Figura 7.2). Resultado de uma colaboração efetiva entre o Centro de Referência em Educação à Distância (CREaD) e o GREPET, essa obra realça a troca de experiências em diversas áreas, abrangendo robótica, comunicação, arquitetura, computação, educação profissional, ética, gestão, saúde mental, eletrônica, entre outras. Ela representa um produto elaborado por membros do grupo e voltado para a divulgação científica. Adicionalmente, essa obra disponibiliza um acervo on-line intercultural e interdisciplinar de recursos educacionais, científicos e tecnológicos, acessível gratuitamente a toda a comunidade acadêmica. O conteúdo em questão está disponível tanto na forma impressa quanto como *e-book* (livro virtual).

Figura 7.2: Obra "Plataforma com acervo progressivo de produtos educacionais e tecnológicos"

Fonte: Grupo de pesquisa GREPET (2023).

É importante ressaltar que a concepção desta obra surgiu da necessidade de desenvolver um produto educacional para validar as dissertações dos estudantes do Mestrado Profissional em Educação Profissional e Tecnológica (ProfEPT) do Instituto Federal de Educação, Ciência e Tecnologia (IFCE). A obra cumpre com êxito seu propósito de promover os produtos educacionais criados pelos alunos do mestrado, bem como pelos membros do

GREPET, enquanto também estimula a criação de materiais didáticos inovadores por estudantes em todos os níveis de formação, desde a graduação até o pós-doutorado.

Sequencialmente ao lançamento do livro, foi criada a série de vídeos intitulada "Plataforma", por meio de mais uma parceria entre o CREaD e o GREPET. Essa série está hospedada no canal do CREaD no *YouTube*, disponibilizada gratuitamente e de acesso aberto, e apresenta entrevistas realizadas com os autores dos capítulos do livro anteriormente lançado. Durante essas entrevistas, os autores tiveram a oportunidade de compartilhar seus trabalhos, que, como mencionado anteriormente, enriqueceram substancialmente a obra. As entrevistas foram realizadas de acordo com a disponibilidade de cada autor, em um ambiente amigável e descontraído. Entre os entrevistados, encontravam-se tanto professores do IFCE quanto doutorandos da primeira turma do programa de Pós-Graduação em Ensino da Rede Nordeste de Ensino (RENOEN).

Em 23 de fevereiro de 2022, o professor Sandro Jucá, líder do GREPET e um dos organizadores da obra apresentada na figura anterior, foi o entrevistado na série de vídeos. Durante sua entrevista, o professor discute a produção do livro e os objetivos alcançados com sua publicação, ao mesmo tempo em que compartilha informações sobre a criação e liderança do grupo de pesquisa. O registro dessa entrevista pode ser encontrado na Figura 7.3.

Figura 7.3: Entrevista com o professor Sandro Jucá (à esquerda) para a série "Plataforma".

Fonte: Grupo de pesquisa GREPET, 2022.

Nesse contexto, como um desdobramento da série "Plataforma" e da já estabelecida parceria entre o CREaD e o GREPET, em 15 de junho de 2022, foi lançada uma nova série intitulada "Educação e Inclusão". A primeira entrevistada da série foi a Pró-reitora de Extensão do IFCE, Ana Uchôa (Figura 7.4), que abordou temas relevantes e atuais nas áreas de Educação e Inclusão Social. Ela também compartilhou informações sobre alguns projetos desenvolvidos em ensino, pesquisa e extensão, com o objetivo de promover o benefício social e coletivo da comunidade. Assim como ocorreu anteriormente, a série "Educação e Inclusão" se destacou por sua importância no compartilhamento de conhecimentos e como um espaço significativo para a divulgação científica por parte de professores e pesquisadores.

Figura 7.4: Entrevista com a Pró-Reitora de Extensão do IFCE para a série "Educação e Inclusão"

Fonte: Série Educação e Inclusão do CREaD (2022).

Vale destacar que as iniciativas do GREPET contribuem com a divulgação científica de uma quantidade relevante de materiais, muitos deles categorizados como produtos educacionais. Segundo Silva e Souza (2018), os produtos educacionais são frutos de um processo reflexivo e contextualizado que incorpora os conhecimentos advindos da experiência. Não se trata simplesmente de uma exposição didática estática ou de um material pronto para ser utilizado, mas sim de uma entidade dinâmica, viva, que reflete as realidades em constante evolução. Conforme as autoras, um produto educacional deve ser adaptado à área de conhecimento correspondente, apresentar finalidades específicas e, acima de tudo, valorizar os sujeitos sociais, considerando suas experiências e saberes.

Assim, após seção de introdução, apresenta-se uma seção que delineia o percurso metodológico para a construção do capítulo. A seguir, tem-se as seções que tratam da fundamentação por meio de percurso histórico de desenvolvimento de um dos produtos apresentados no *e-book* por meio da história de seu idealizador (o professor Sandro Jucá), as perspectivas para a promoção de uma aprendizagem significativa como norte no desenvolvimento dos trabalhos dos discentes do Mestrado Profissional ProfEPT e os mecanismos de divulgação científica pelo grupo de estudo GREPET. Por fim, tem-se as seções que contemplam as considerações finais e as referências utilizadas.

PERCURSO METODOLÓGICO

A iniciativa de conduzir um estudo centrado na divulgação científica por meio do histórico do GREPET surgiu a partir da divulgação, no início de 2023, de entrevistas conduzidas em 2022 para a série "Plataforma" por membros do próprio grupo. O objetivo da exibição dessas entrevistas era apresentar as realizações do grupo a novos membros. O relato apresentado durante uma das entrevistas, realizada em 23 de fevereiro de 2022, motivou a formação de uma equipe dedicada à recuperação das memórias do grupo. Desta forma, entre março e julho de 2023, realizou-se uma investigação nos arquivos do grupo com o propósito de resgatar sua história e documentar as iniciativas que resultaram em projetos já compartilhados com a comunidade acadêmica.

Nesta perspectiva, a pesquisa delineada no capítulo tem forma qualitativa, uma vez que os conteúdos investigados neste estudo foram abordados por meio de uma análise documental. Esse tipo de análise envolve o reconhecimento, a confirmação e a avaliação de documentos com um propósito específico e é caracterizado como uma pesquisa que se concentra "em materiais que ainda não passaram por um tratamento analítico ou que podem ser reformulados de acordo com os objetivos da pesquisa" (GIL, 2008, p. 45). Portanto, a pesquisa tem como objetivo fundamental a produção de novos conhecimentos, a criação de novas perspectivas para entender os fenômenos e a divulgação de como esses fenômenos têm evoluído (SÁ-SILVA; ALMEIDA; GUINDANI, 2009).

A obtenção dos dados foi realizada de maneira indireta, conforme descrito por Gil (2008), que destaca que certos dados relacionados a pessoas são adquiridos através de fontes não diretamente ligadas às mesmas, como documentos, tais como livros, jornais, registros oficiais, estatísticas, fotografias, discos, filmes e vídeos. Para realizar essa coleta, a equipe baseou-se nos registros mantidos pelos membros do grupo em um *blog* próprio para a divulgação de material produzido e publicado (incluindo livros, artigos, produtos educacionais desenvolvidos, matérias, entrevistas, transmissões ao vivo, palestras, etc.).

Consequentemente, por meio da análise dos documentos obtidos a partir dos diversos registros disponíveis no acervo do GREPET, ocorre a construção de conhecimentos que surgem da interseção entre produtos educacionais, histórico de criação do grupo de pesquisa e divulgação científica por meio de materiais contidos no referido acervo. Portanto, o objetivo não é apenas revelar e compreender cada registro em seu contexto, mas também aprofundar a análise dos conceitos neles contidos, contribuindo assim para a construção de novos conhecimentos.

FUNDAMENTAÇÃO POR MEIO DE PERCURSO HISTÓRICO

O primeiro produto educacional e tecnológico desenvolvido pelo grupo GREPET, conhecido como SanUSB e também apresentado na obra anteriormente realçada, foi concebido e idealizado pelo professor pesquisador Sandro Jucá que discorreu sobre o percurso que trata esta seção na entrevista para a série "Plataforma".

O produto presta homenagem ao avô do professor, que, além de exercer outras profissões, era marceneiro e carpinteiro e tinha o hábito de criar móveis como armários, mesas, cadeiras, camas e outras peças em geral. Ao observar as criações habilidosas de seu avô, que era também um apaixonado por futebol e torcedor do Fortaleza Esporte Clube, o professor teve a ideia de que, ao seguir a mesma tradição de habilidade manual, poderia criar produtos que melhorassem a vida da comunidade em geral.

Após concluir o ensino médio, o professor ingressou no curso de Mecânica na Escola Técnica Federal do Ceará (ETFCE), que mais tarde se tornou o

IFCE. Durante esse período, ele teve a oportunidade de se familiarizar com a produção de peças e equipamentos mecânicos. Posteriormente, após concluir o curso, ele viajou para a Alemanha aproveitando um curso de alemão concluído na "Casa de Cultura Alemã" da Universidade Federal do Ceará (UFC). Na Alemanha, ele teve contato e começou a interagir com interfaces eletrônicas. Essa interação despertou nele a percepção de que os produtos tecnológicos poderiam ter uma forma diferente dos produtos mecânicos, o que o levou a considerar o desenvolvimento de produtos no formato de *software*.

Após retornar da Alemanha, o professor se matriculou no curso de Graduação em Tecnologia Mecatrônica em sua antiga instituição, que agora era o Centro Federal de Educação, Ciência e Tecnologia (CEFET). Durante esse período, se inscreveu no curso com a aspiração de criar recursos didáticos, que posteriormente descobriu serem chamados de "Produtos Educacionais", conforme definido por Silva e Souza (2018). Logo, ele começou a desenvolver alguns *softwares* e, após a conclusão do curso, ingressou no mestrado em Engenharia Elétrica na UFC.

É crucial destacar a preocupação do professor em retribuir à sociedade. A criação e divulgação de produtos, sejam mecânicos ou eletrônicos, sempre foram vistas por ele como um meio de compartilhar os avanços resultantes de suas pesquisas, com foco principalmente na melhoria da educação. Conforme observado por Gonzales, López e Lujan (1996), a integração da Ciência e Tecnologia (C&T) na vida cotidiana como um agente de mudança na sociedade e o entendimento de seu papel na vida das pessoas têm raízes que remontam à década de 70. Isso destaca o compromisso e o papel ativo do professor como um promotor da C&T por onde passou.

Ainda durante seu mestrado, nos primeiros anos de 2000, quando a geração de energia elétrica por meio da luz e calor solar era um tema pouco discutido, o professor começou a se envolver em estudos e na montagem das primeiras placas de geração de energia solar fotovoltaica. Foi nesse contexto que ele concebeu a ideia de criar um produto para controlar e medir as grandezas elétricas e meteorológicas dessas placas de geração de energia solar. Conforme Almeida (2021) destaca, até 2019, o uso de energia solar era bastante limitado, representando menos de 1% do total, em comparação com outras fontes como energia hidrelétrica (65,7%), gás natural (9,0%), biomassa (8,5%), energia eólica (8,0%) e fontes não renováveis como carvão, nuclear e derivados de petróleo (9,0%). Portanto, a ênfase na questão energética como um dos principais desafios atuais e uma fonte de preocupações ambientais ressalta a importância de buscar fontes alternativas que não prejudiquem o meio ambiente e promovam o desenvolvimento sustentável (ALMEIDA, 2021).

Assim, a ideia do professor de criar um dispositivo para controlar e medir as grandezas elétricas e meteorológicas das placas de geração de energia solar visava um futuro em que essa fonte de energia sustentável pudesse ser mais amplamente adotada. Naquela época, porém, o dispositivo não tinha sido categorizado como um produto educacional e tecnológico. Em 2004, após concluir seu mestrado, o professor retornou ao IFCE, anteriormente conhecido como CEFET, como professor substituto. Ele começou a pesquisar como projetar o dispositivo que concebera durante o mestrado, trabalhando na criação de placas eletrônicas com microcontroladores e envolvendo seus alunos no desenvolvimento do projeto, com o objetivo de criar uma abordagem didática que integrasse ensino e prática.

No entanto, a utilização de microcontroladores (chips com processadores internos que controlam a placa e os processos aos quais ela está vinculada) apresentava desafios significativos, uma vez que os alunos enfrentavam dificuldades na gravação desses chips. Como se tratava de um sistema embarcado – um sistema computacional integrado em outros produtos e equipamentos, projetado para controle ou monitoramento específico em um sistema maior – havia uma lacuna entre a placa eletrônica e a transferência de um programa que a tornasse funcional. Para fazer isso, o desenvolvedor precisava usar linguagens de programação específicas, como C ou *Assembly*, para transferir o programa para a placa eletrônica e gravar o chip. Naquela época, os gravadores eram caros, o que dificultava o desenvolvimento do dispositivo.

O projeto recebeu um novo impulso quando a empresa norte-americana de semicondutores, *Microchip Technology*, lançou microcontroladores PIC com interface USB nativa. Isso permitiu que o programa fosse carregado diretamente da porta USB de um *laptop* ou computador convencional para o chip, sem a necessidade de um gravador externo. O dispositivo, agora considerado um produto educacional, recebeu o nome de SanUSB. Esse nome foi derivado da porta USB nativa utilizada no protocolo HID (*Human Interface Device*) e da pronúncia em português da palavra inglesa *sun*, que significa sol. Dado que o projeto estava relacionado a placas de energia solar, a nomenclatura fazia referência ao sol.

Nesse contexto, o SanUSB foi o primeiro produto educacional e tecnológico desenvolvido pelo que se tornaria o GREPET, embora naquela época o grupo ainda não adotasse essa denominação. Este produto foi divulgado em grande escala em todo o Brasil. A ideia original, sua concepção e sua ampla divulgação serviram como inspiração para a criação de outros produtos, bem como para a elaboração de uma apostila gratuita que foi disponibilizada na *internet*. A apostila apresentava uma coleção de produtos educacionais e tecnológicos. Com o tempo, a apostila evoluiu e se transformou em um livro.

Em 2009, a interface SanUSB foi utilizada no desenvolvimento de um robô em parceria entre o IFCE e a Escola de Ensino Médio Liceu Professor Francisco Oscar Rodrigues, localizada em Maracanaú. Esse robô competiu e venceu na categoria "Engenharias" da Feira Brasileira de Ciências e Engenharia (FEBRACE), um evento criado para estimular a cultura investigativa, a criatividade, a inovação e o empreendedorismo na Educação Básica do Brasil. A FEBRACE é organizada pela Universidade de São Paulo (USP) e é considerada a maior mostra brasileira de Ciência e Tecnologia. O grupo foi premiado pela construção de um "robô aranha" feito com materiais recicláveis, equipado com antena de TV e relés.

Essa conquista inspirou outros alunos e professores a usarem a interface SanUSB em seus projetos. Entretanto, durante o mesmo período, o projeto Arduino, que teve origem na Itália em 2005 e chegou ao Brasil em 2008, chamou a atenção do grupo. Eles perceberam a semelhança entre a abordagem didática do Arduino e a do SanUSB. Vale destacar que, em termos tecnológicos, o SanUSB de 2007 estava um passo à frente do Arduino de 2008. Enquanto o Arduino usava um conversor USB serial para a comunicação com o computador, ou seja, um chip de conversão, a placa SanUSB empregava um microcontrolador PIC com uma interface USB nativa, proporcionando um nível mais avançado de transmissão. Essa diferença tecnológica conferia à placa SanUSB uma qualidade ligeiramente superior em comparação à placa Arduino.

Assim, a placa didática SanUSB, inicialmente desenvolvida com o objetivo de ensinar microcontroladores e projetos de automação a baixo custo, passou a competir diretamente com a placa Arduino, que já estava sendo produzida em larga escala na China e era mais consolidada no mercado. Enquanto o Arduino era importado pronto para o Brasil, a SanUSB, com seu microcontrolador PIC, era montada de forma artesanal, desde a construção, passando pelo *protoboard* até a placa de circuito impresso, e estava integrada a uma proposta didática que enfatizava o ensino, não apenas a execução. Para que os alunos pudessem compreender plenamente os elementos de uma placa eletrônica e as etapas do processo de automação, a apostila, mencionada anteriormente, foi disponibilizada gratuitamente na *internet*.

Surpreendentemente, essa apostila ganhou grande notoriedade. Durante uma reunião de avaliação de cursos do Programa Nacional de Acesso ao Ensino Técnico e Emprego (Pronatec) no IFCE, um avaliador do Instituto Federal do Norte de Minas Gerais (IFNMG) agradeceu aos autores pela disponibilização gratuita da apostila, afirmando que a utilizava no IFNMG para projetos de microcontroladores que empregavam a placa SanUSB. Isso emocionou o professor, que ficou ainda mais motivado a pesquisar e desenvolver produtos educacionais, além de divulgar seu trabalho. Com essa mentalidade, ele aceitou a oportunidade de integrar o corpo docente do Mestrado Profissional em Educação Profissional e Tecnológica (ProfEPT).

O Programa de Mestrado em Educação Profissional e Tecnológica e suas Perspectivas para a Promoção de uma Aprendizagem Significativa

O Mestrado Profissional em Educação Profissional e Tecnológica em Rede Nacional tem como objetivo proporcionar formação a profissionais da Rede Federal de Educação Profissional, Científica e Tecnológica, bem como a outros profissionais interessados no tema da Educação Profissional. Este programa de pós-graduação visa tanto à produção de conhecimento quanto ao desenvolvimento de produtos educacionais por meio da realização de pesquisas que integrem os saberes relacionados ao mundo do trabalho e ao conhecimento sistematizado. Para concluir o curso, os estudantes de mestrado precisam apresentar suas dissertações e desenvolver um produto educacional em qualquer área do conhecimento.

A participação no programa de Mestrado Profissional em Educação Profissional e Tecnológica permitiu ao professor e seus alunos conceberem produtos interdisciplinares que se tornaram importantes ferramentas de ensino. Nesse contexto, foram desenvolvidos produtos em diversas áreas, como história, saúde, literatura, arquitetura, entre outras. Todos esses projetos e materiais, incluindo livros, informações e produtos educacionais, estão disponíveis no site "sanusb.org" e no *blog* "sanusb.blogspot.com". Essa abordagem interdisciplinar no uso das novas tecnologias reflete a visão inovadora do grupo de pesquisa.

O uso das novas tecnologias possibilita um salto de qualidade no currículo, pois permite inovações na abordagem curricular por parte dos professores, incentivando também a adoção de novas tecnologias de ensino e estimulando pesquisas interdisciplinares adaptadas à realidade brasileira (MERCADO, 1998). Conforme Philippi Jr. e Fernandes (2021) afirmam, a tecnologia é um fenômeno interdisciplinar não apenas por sua natureza, mas também por seus impactos na vida cotidiana, que se refletem tanto em nível local quanto global, demandando conhecimentos e interações variadas e gerando novas formas de atuação e conhecimento.

O professor destaca a importância de tornar o aprendizado significativo por meio da contextualização e da criação de interesse nos estudantes. Essa abordagem é respaldada por teóricos como Jan Amos Comenius, conhecido como o pai da didática moderna, e Henri Wallon, que enfatizaram a necessidade de métodos que estimulem o interesse pelo conteúdo, em vez de dependerem apenas da disciplina imposta por meio de castigos. Quando o conteúdo (ou mensagem) que o professor (ou emissor) transmite encontra um estudante (ou receptor) interessado, este conteúdo será compreendido e assimilado de forma muito mais eficaz (ASSIS, 2020).

A Aprendizagem Baseada em Projetos (ABP) é mencionada pelo professor como um método de ensino que busca promover a aprendizagem significativa. A Pedagogia de Projetos foi introduzida no Brasil com a chegada da Escola Nova, difundida por Anísio Teixeira, um dos precursores da Escola Nova, introduzindo as ideias de projetos como práticas pedagógicas, onde a ideia central era aprender fazendo. (ARRUDA; NASCIMENTO, 2019). Nesse método, os estudantes desenvolvem projetos ou resolvem problemas do mundo real que exigem habilidades práticas. O uso de projetos propicia uma forma diferenciada de avaliação, um "ato dinâmico, compartilhado, múltiplo e processual" (ESTEBAN, 2012, p. 88) e isso, na opinião do professor, é muito mais rico do que as formas tradicionais de avaliação.

Em resumo, o professor acredita que a contextualização, a aprendizagem por projetos e a abordagem prática são elementos-chave para tornar o ensino e a aprendizagem mais significativos, estimulando o interesse dos estudantes e promovendo um aprendizado mais eficaz.

MECANISMOS DE DIVULGAÇÃO CIENTÍFICA PELO GREPET

A criação do *site* e do *blog* mencionados anteriormente desempenhou um papel fundamental na amplificação da divulgação científica dos projetos realizados no âmbito do Mestrado Profissional em Educação Profissional e Tecnológica (ProfEPT). Para além da mera disseminação, os docentes conceberam a ideia de organizar e promover palestras, convidar pesquisadores para colaborações na criação de materiais, bem como elaborar produtos educacionais que pudessem ser de utilidade para outros profissionais. A expansão das ideias, possibilitada pela crescente visibilidade do *site* e do *blog*, culminou na formalização do "Grupo de Pesquisa em Inovação de Recursos Didáticos" (GREPET) junto ao CNPq.

O grupo demonstra um compromisso com a disseminação do conhecimento e com a utilidade prática dos recursos que são produzidos por seus membros. Além de fornecer informações sobre os projetos em andamento, o GREPET organiza palestras, colabora com outros pesquisadores na criação de materiais educacionais e desenvolve produtos que são acessíveis e podem beneficiar uma ampla audiência. A obra "Plataforma", assinalada no início do capítulo, é um exemplo dessa iniciativa, e representa um esforço para reunir e compartilhar produtos educacionais em um formato acessível e aberto.

O fato de o GREPET enfatizar o uso de *software* livre em suas criações é notável, pois promove a acessibilidade e a disponibilidade de recursos educacionais de forma mais ampla. No geral, o trabalho dos membros do grupo desempenha um papel significativo na disseminação do conhecimento e na promoção da colaboração entre pesquisadores e educadores, contribuindo para a melhoria da educação e da pesquisa no Brasil. A seguir, elenca-se alguns pontos sobre o trabalho e a filosofia do grupo:

1. Democratização da divulgação científica: Ao disponibilizar gratuitamente livros temáticos e outros materiais educacionais, o GREPET contribui para tornar o conhecimento científico mais acessível ao público em geral.

Isso é crucial para promover a educação e o desenvolvimento intelectual em toda a sociedade.

2. Colaboração e compartilhamento de conhecimentos: A ênfase do grupo na utilização de produtos educacionais de colegas como ferramentas de ensino e aprimoramento reflete uma cultura de colaboração e compartilhamento no campo acadêmico. Isso enriquece a experiência de aprendizado e beneficia tanto professores quanto alunos.

3. Afetividade no ensino: A abordagem que enfatiza a afetividade no ensino, conforme proposto por Henri Wallon, é essencial para criar ambientes de aprendizado envolventes e motivadores. Isso pode levar a uma compreensão mais profunda e eficaz dos conceitos, uma vez que os alunos se sentem emocionalmente conectados ao conteúdo.

4. Contextualização e aprendizado significativo: A contextualização do ensino, por meio da criação de objetos de ensino-aprendizagem e projetos práticos, demonstra como os alunos podem assimilar ideias de forma mais rápida e eficaz quando veem a aplicação real e o propósito do que estão aprendendo.

5. Impacto além da academia: O envolvimento do GREPET com pessoas que fazem a diferença em trabalhos sociais, como o Padre Rino do Movimento Saúde Mental do Bom Jardim, mostra como a pesquisa e a educação podem contribuir para questões sociais importantes, indo além dos limites da academia.

6. Motivação, inspiração e satisfação: O trabalho do GREPET não apenas beneficia a comunidade acadêmica, mas também traz satisfação pessoal e inspiração para professores e pesquisadores, incentivando-os a continuar acreditando no poder dos produtos educacionais e tecnológicos para melhorar a educação e a sociedade como um todo.

Resumidamente, o GREPET foi idealizado para representar um inspirador modelo de como a educação e a pesquisa podem ser empregadas como instrumentos para democratizar o acesso ao conhecimento, fomentar a colaboração, instaurar ambientes de aprendizado envolventes e gerar um impacto benéfico na sociedade. A filosofia do grupo que leva em consideração dedicação à afetividade no ensino, à contextualização e à disseminação da ciência reflete uma abordagem holística e compassiva no campo da educação e da pesquisa.

CONSIDERAÇÕES FINAIS

O Grupo de Pesquisa em Inovação de Recursos Didáticos, Produtos Educacionais e Tecnológicos (GREPET) tem uma missão essencial: contribuir para a socialização e democratização do conhecimento científico e tecnológico em diversos contextos educacionais e institucionais. Sua história de origem destaca como a paixão pessoal, o impacto na educação e a busca por oportunidades podem levar à criação de grupos de pesquisa dedicados à melhoria da educação e ao combate das desigualdades.

A inspiração inicial para a criação do GREPET veio do avô do professor fundador, cuja habilidade em criar e conservar utensílios transmitiu uma paixão pela inovação e recursos educacionais. Esse exemplo familiar influenciou profundamente a direção de sua carreira. A motivação adicional surgiu quando o professor percebeu o impacto positivo de suas contribuições no ensino de eletrônica, especialmente quando recebeu agradecimentos de colegas de outra instituição. Esse reconhecimento destacou como a educação pode ser enriquecida por meio do desenvolvimento de recursos educacionais e tecnológicos.

A entrada no programa de mestrado em educação profissional proporcionou ao professor a oportunidade de expandir seu campo de atuação, explorando novas áreas do conhecimento e promovendo a pesquisa. Isso também permitiu o desenvolvimento de produtos educacionais em uma variedade de campos, estimulando o interesse em pesquisa entre os alunos de pós-graduação.

De maneira ampla, o GREPET procura ilustrar um inspirador paradigma de como a paixão individual e o empenho na promoção da educação podem culminar na formação de grupos de pesquisa com um papel vital na difusão do conhecimento, na promoção do pensamento crítico e na luta contra as disparidades educacionais. Sua abordagem interdisciplinar e ênfase na democratização do saber procuram desempenhar um papel fundamental na construção de uma educação mais inclusiva e equitativa.

AGRADECIMENTO

O presente trabalho foi realizado com apoio do Conselho Nacional de Desenvolvimento Científico e Tecnológico (CNPq).

REFERÊNCIAS

ALMEIDA, Andrea C. A.; MELO, Carlos Ian B.; HARVEY, Myrcea S. S.; LIMA, Marcos Vinicius A. ; CHAVES, Pedro Jonatas S.. Metodologias Ativas à Luz de Comenius: uma Experiência na Pós-Graduação. *In*: CONGRESSO SOBRE TECNOLOGIAS NA EDUCAÇÃO (CTRL+E), 4. , 2019, Recife. **Anais** [...]. Porto Alegre: Sociedade Brasileira de Computação, 2019 . p. 60-68. DOI: https://doi. org/10.5753/ctrle.2019.8876.

ALMEIDA, Ednaldo de Ceita Vicente de. **Potencialidade da energia solar fotovoltaica no Semiárido Nordestino e sua relação com o desenvolvimento sustentável**. 2021. [81 f]. Dissertação (Programa de Pós-Graduação em Ciências Farmacêuticas - PPGCF) - Universidade Estadual da Paraíba, Campina Grande-PB.

ARRUDA, Robson Lima de; NASCIMENTO, Robéria Nádia Araújo. **A Propósito da Metodologia de Projetos**: Caminhos para Construção da Autonomia Pedagógica. Editora Realize, CONAPESC 2019. Disponível em: https://editorarealize. com.br/editora/anais/conapesc/2019/TRABALHO_EV126_MD1_SA15_ID1390_30062019205554.pdf. Acesso em: 02 de abril de 2023.

ASSIS, Janaína Simone Silva de. **Afetividade**: ferramenta na construção do processo ensino-aprendizagem numa escola municipal de São Mateus/ES 2020. 116f. Dissertação – Faculdade Vale do Cricaré. São Mateus, 2020.

ESTEBAN, M. T. Pedagogia de projetos: entrelaçando o ensinar, o aprender e o avaliar à democratização do cotidiano escolar. In: SILVA, J. F.; HOFFMANN, J.; ESTEBAN, M. T. (Org.). **Práticas avaliativas e aprendizagens significativas**: em diferentes áreas do currículo. Porto Alegre: Mediação, 2003. p. 81-92.

GONZALES, G.; LÓPEZ, C.; LUJAN, J. **Ciencia, tecnología y sociedad**: una introducción al estudio social de la ciencia. Madrid: Editora Tecnos, 1996.

MAINARDES, Jefferson. (2022). Grupos de pesquisa em educação como objeto de estudo. **Cadernos de Pesquisa**, 52, Artigo e08532. Disponível em: https://doi. org/10.1590/198053148532. Acesso em: 21 set. 2023.

MERCADO, Luís Paulo Leopoldo. Formação docente e novas tecnologias. In: **IV Congresso RIBIE**, Brasília. 1998.

PHILIPPI Júnior, Arlindo; FERNANDES, Valdir. **Ciência e tecnologia à luz da interdisciplinaridade.** Cleverson V. Andreoli; Patrícia Lupi Torres. (Org.), 2021.

SÁ-SILVA, Jackson Ronie; ALMEIDA, Cristóvão Domingos; GUINDANI, Joel Felipe. Pesquisa documental: pistas teóricas e metodológicas. **Rev. Bras. de História & Ciências Sociais.** n. I, p. 1-15, jul., 2009.UNESC, Criciúma, v. 5, nº1, janeiro/Junho 2016. Criar Educação – PPGE – UNESC

SILVA, Keila Crystyna Brito; SOUZA, Ana Cláudia Ribeiro de. **MEPE:** Metodologia para elaboração de produto educacional. 2018. Produto educacional (Mestrado Profissional em Ensino Tecnológico) – Instituto Federal de Educação, Ciência e Tecnologia do Amazonas, Campus Manaus Centro, Manaus, 2018.

CAPÍTULO 8

PRODUÇÃO DE MATERIAL EM REALIDADE AUMENTADA COM SUPORTE DO AMBIENTE *ITREAL*

Lana Priscila Souza
Sandro César Silveira Jucá

RESUMO

O presente capítulo tem o objetivo de apresentar o ambiente *Itreal* (*Immersive technologies for augmented and virtual reality*) concebido com o propósito de difundir tecnologias imersivas de realidade aumentada (RA). Idealizado com a participação de doutorandos da Rede Nordeste de Ensino (RENOEN) e desenvolvido como uma ferramenta educacional simples e interdisciplinar, o *Itreal* propõe uma imersão introdutória na RA. Neste contexto, a pesquisa, de natureza aplicada e delineada de forma qualitativa, procura descrever o projeto que culminou no desenvolvimento do ambiente, com ênfase na apresentação de uma aplicação lúdica em RA. A especificidade do ambiente consiste em sua característica aberta, livre e na demanda diferenciada de não necessitar de instalação de aplicativos ou programas adicionais fazendo com que possa ser utilizada por crianças, jovens e adultos por meio de navegadores *web* convencionais. Espera-se, com esta tecnologia, que os usuários possam desenvolver laboratórios, livros e *e-books* interativos com *QR codes* de acesso agregados a animações 3D tendo o *Itreal* como suporte.

Palavras-Chave: Realidade aumentada. Navegadores *web*. Ambiente *Itreal*.

INTRODUÇÃO

O cenário tecnológico tem sofrido, ao longo do tempo, modificações bastante relevantes. A criatividade e a inventividade humanas têm o potencial de impulsionar a criação de novos dispositivos que não necessariamente têm uma aplicação imediata ou foram concebidos para resolver um problema específico (PINTO, 2012). De acordo com a autora, uma vez que o dispositivo é desenvolvido, esforços são feitos para encontrar usos ou aplicações para ele. Além disso, Pinto (2012) acredita que essa dinâmica de interação entre a necessidade e a inventividade ocorre em ambas as direções, complementando--se mutuamente à medida que moldam e transformam nosso estilo de vida.

Pinto (2012) destaca a existência de duas perspectivas no que diz respeito à inovação tecnológica. A primeira considera-a como um processo de criação e divulgação de novas tecnologias, que podem ser tanto um novo produto, serviço ou uma nova abordagem para realizar uma determinada atividade, envolvendo a utilização de recursos novos ou já existentes combinados de maneira inovadora. A segunda perspectiva a encara como o resultado desse processo, ou seja, o produto ou artefato resultante do mesmo. Além disso, a autora argumenta que as inovações tecnológicas emergem de um processo coletivo que conecta o conhecimento à sociedade em que ele está inserido. Ela observa que "a sociedade é impactada pelas inovações, mas também desempenha um papel fundamental ao modificar essas inovações, seja através do aprimoramento, da disseminação ou até mesmo da rejeição" (PINTO, 2012, p. 26).

Ogusko (2018) enfatiza que a cada década, o cenário tecnológico passa por uma reformulação significativa devido a um novo e crucial ciclo de desenvolvimento. Pinto (2012) corrobora com a ideia do autor e destaca a natureza sistêmica e interconectada da inovação, descrevendo-a como um processo contínuo de sucessivas inovações tecnológicas, algumas mais abrangentes e outras de menor alcance, ocorrendo em um contexto social e econômico propício. Para Ogusko (2018), o uso dos PCs (computadores pessoais) na década de 80, a popularização da *internet* nos anos 90 e o surgimento dos *smartphones* nos anos 2000 representam exemplos de inovações que provocaram transformações profundas em nosso mundo. "As inovações tecnológicas envolvem a criação, por parte dos seres humanos, de novas abordagens para resolver problemas e realizar tarefas que consideram essenciais" (PINTO, 2012, p. 30).

Ogusko (2018) sinaliza, no leque de novas abordagens, a introdução de tecnologias imersivas como possibilidade de interação e experimentação do mundo como nunca antes. As nomenclaturas *Virtual Reality* (VR), *Augmented Reality* (AR) e *Mixed Reality* (MR) exemplificam as tecnologias imersivas em ascensão mencionadas pelo autor que acrescenta: "ainda estamos no ATARI da computação imersiva. O que aconteceu com o celular ocorrerá com VR e AR. As capacidades irão melhorar. Os dispositivos se tornarão menos caros e mais fáceis de usar" (OGUSKO, 2018, n.p). Nesse contexto, o autor destaca também os avanços nas interfaces e aplicações do usuário e arremata: "à medida que o valor aumenta e os custos diminuem, a computação imersiva terá sentido para mais e mais pessoas" (OGUSKO, 2018, n.p).

Seguindo neste direcionamento, a contemporaneidade se caracteriza pela presença de avanços tecnológicos e mudanças significativas na comunicação, informática, ciência e em outras áreas fazendo com que surja a necessidade de incorporar, também no ambiente escolar, recursos derivados desses avanços tecnológicos. Deste modo, o presente capítulo objetiva apresentar o ambiente *Itreal (Immersive technologies for augmented and virtual reality)* desenvolvido como um ambiente de característica aberta, livre e que surge como uma ferramenta com finalidade de produzir aplicações de realidade aumentada (o capítulo fará uso da sigla em português: RA) para uso lúdico e/ou educacional.

As aplicações desenvolvidas pelo ambiente têm o potencial de introduzir os usuários na RA, além de enriquecer o cenário educacional com aplicações dinâmicas e permitindo que alunos e professores explorem o cenário tecnológico que, de maneira direta ou indireta, está integrado às suas vidas. Um diferencial do ambiente é que o mesmo não necessita que os usuários tenham conhecimento de linguagem de programação ou que precisem dispor de espaço em seus dispositivos para receber um programa que necessite de atualizações constantes. Além disso, representa uma ferramenta interdisciplinar que, de forma simples, insere o usuário no universo da RA por meio de navegadores *web* como *Google Chrome* e *Mozilla Firefox*, sem que o usuário precise, conforme já mencionado, realizar *download* de aplicativos, jogos ou programas de RA.

Para fins de organização dos elementos do capítulo destaca-se, após seção introdutória, uma seção destinada à apresentação de uma revisão bibliográfica sobre aplicações de realidade aumentada por meio de navegadores *web* com base em Zorzal (2020); em seguida, tem-se uma seção de metodologia que destaca a natureza da pesquisa realizada para a construção do *Itreal* (ambiente criado como possibilidade à produção de aplicações em RA que podem ser acessadas por meio de navegadores *web*) com base em Gil (2008) e Prodanov e Freitas (2013); na sequência, tem-se uma seção que descreve uma aplicação para produção de material em RA com base no ambiente *Itreal*; e, por fim, apresentam-se a seção de considerações finais e as referências utilizadas na confecção do capítulo.

REVISÃO BIBLIOGRÁFICA SOBRE APLICAÇÕES DE REALIDADE AUMENTADA POR MEIO DE NAVEGADORES WEB

A evolução tecnológica, que possibilitou a integração instantânea de vídeo e ambientes virtuais interativos, bem como o aumento significativo da largura de banda das redes de computadores para uma transferência eficaz de imagens e outros tipos de informações, tem impulsionado o avanço da realidade aumentada (AR em inglês, RA em português) que objetiva enriquecer o mundo físico com elementos virtuais, tornando suas aplicações acessíveis tanto em plataformas de alta tecnologia quanto em dispositivos mais populares (KIRNER e TORI, 2006).

Ao contrário da realidade virtual (VR em inglês, RV em português) que tenciona a imersão do usuário em um ambiente completamente digital, estimulando diversos sentidos sensoriais (QUEIROZ, TORI e NASCIMENTO, 2017), a RA preserva o ambiente físico e insere elementos virtuais em seu espaço. Isso permite uma interação mais natural, sem a necessidade de treinamento ou adaptação (KIRNER e TORI, 2006). Hounsell, Tori e Kirner (2020) ressaltam que essa interação pode ocorrer de forma direta, utilizando as mãos ou o corpo do usuário, ou de forma indireta, com o auxílio de dispositivos de interação. Conforme os autores, "a capacidade de utilizar interações naturais e, principalmente, as próprias mãos para manipular objetos físicos reais enquanto interage com informações e modelos virtuais é um dos maiores benefícios da RA" (HOUNSELL; TORI; KIRNER, 2020, p. 32).

"A mobilidade e a possibilidade de adquirir conhecimento a partir da aprendizagem móvel (Mobile Learning), podem ser citadas como uns dos principais benefícios do uso da Realidade Virtual e Realidade Aumentada em dispositivos móveis" (ZORZAL, 2020, p. 112). Segundo o autor, um outro benefício de grande importância e que advém destas tecnologias "é o envolvimento amplo de sentidos do ser humano na interação homem-máquina" (p. 112), fazendo com que possam ser aplicadas de diversos modos e em diferentes contextos.

Um dos principais dispositivos que pode ser enquadrado neste contexto é o *smartphone*. Além de mostrar-se indispensável para nosso cotidiano, o *smartphone* é uma tecnologia modificadora do comportamento do consumidor (ZORZAL, 2020). Conforme o autor, a modificação provocada vem "ajudando os usuários a navegarem pelo mundo, mudando o modo como os consumidores fazem compras e ajudando os anunciantes a entrarem em contato com os clientes" (ZORZAL, 2020, p. 112). Além disso, o autor destaca: "essa disseminação de aplicações móveis tem propiciado novos meios de comunicação, interação e gerado novos comportamentos, além de melhores experiências aos usuários" (p. 113).

No âmbito das experiências que envolvem a RA, os sistemas móveis "consideram os meios de entrada de dados dos dispositivos, tais como câmera, giroscópio, microfones e GPS para captar os dados que serão utilizados no processamento" (ZORZAL, 2020, p. 113). Após processamento, os dados "são registrados de forma efetiva no ambiente real e apresentados na tela do dispositivo móvel, por exemplo. Ao analisar a literatura é possível encontrar diversos sistemas de RA móveis com propósitos e arquiteturas distintas" (ZORZAL, 2020, p. 113). De acordo com o autor, *smartphones* e *tablets* apresentam-se como aparelhos promissores para o desenvolvimento do que ele chama de "RA móvel".

Os sistemas que envolvem uma RA móvel "permitem combinar informações virtuais ao ambiente real utilizando algum tipo de *display* móvel para visualizar o ambiente misturado" (ZORZAL, 2020, p. 115). Desta forma, agrega-se "os recursos da Realidade Aumentada móvel tradicional com métodos de geoprocessamento, disponíveis na maioria dos dispositivos móveis atuais, para obter as coordenadas espaciais e sobrepor as informações virtuais sobre a posição desejada no ambiente real" (ZORZAL, 2020, p. 115).

As ferramentas, bibliotecas e plataformas utilizadas para desenvolver aplicações em RA são diversas. Zorzal (2020) cita duas:

> ARCore e ARKit são plataformas criadas para o desenvolvimento de aplicações com Realidade Aumentada em dispositivos móveis. Desenvolvidas pela Google e Apple, respectivamente, para serem utilizadas como suporte no desenvolvimento de aplicações nativas nos sistemas operacionais móveis Android e iOS. Ambas as plataformas foram lançadas recentemente e possibilitam o uso de Realidade Aumentada sem a necessidade de um *hardware* específico (ZORZAL, 2020, p. 115).

O suporte de dispositivos que utilizam as duas plataformas, no entanto, pode configurar em um entrave para o desenvolvimento de aplicações com RA, inclusive no que diz respeito à comparação entre os sistemas operacionais *Android* e *iOS*.

> Essa diferença no suporte se deve basicamente por conta do controle que a Apple possui sobre seu *hardware*, já que por possuir controle no desenvolvimento da arquitetura de seus processadores ela pode desenvolver *software* otimizado e que poderá ser executado efetivamente em seus dispositivos, enquanto não existe uma padronização de *hardware* entre os dispositivos Android que são produzidos por diferentes empresas (ZORZAL, 2020, p. 115).

Assim, aplicações de RA que não dependem das especificidades dos sistemas operacionais dos aparelhos podem torna-la mais acessível. Nesta perspectiva, Nicolò Carpignoli lançou em 2020 a versão beta AR.*js Studio*[6], uma plataforma dedicada à criação de conteúdo em RA para a *internet*. "A AR.js possibilita o fornecimento de conteúdos de Realidade Aumentada sem a necessidade de instalação de qualquer outro componente, e foca na otimização para que até mesmo dispositivos móveis possam executar esses conteúdos de forma satisfatória" (ZORZAL, 2020, p. 116).

Carpignoli concebeu e mantém essa plataforma com o propósito de permitir que qualquer pessoa, mesmo sem conhecimento prévio em programação, possa desenvolver conteúdos em RA. É importante assinalar que este projeto é de código aberto e totalmente gratuito. A plataforma oferece os seguintes recursos: RA baseada em marcadores (incluindo imagens, vídeos e modelos

---

6   Disponível em: https://ar-js-org.github.io/studio/.

3D); RA baseada em geolocalização (também com suporte para imagens, vídeos e modelos 3D); capacidade de implantar projetos no *Github* (exigindo uma conta para acesso) e com obtenção imediata da URL; bem como a opção de exportar o código como um arquivo ZIP (MAMORE, 2020). Zorzal (2020) completa:

> Para alcançar seus objetivos, a biblioteca AR.js utiliza diversos recursos já estabelecidos no Javascript. Para renderização 3D, a AR.js faz uso da biblioteca/API Three.js, bastante conhecida e utilizada por desenvolvedores Web que envolvem conteúdos em 3D. Para a parte de reconhecimento de marcadores, a AR.js utiliza uma versão do SDK ARToolKit compilado da linguagem C para Javascript com o compilador emscripten, podendo com isso utilizar diversas funcionalidades do ARToolkit diretamente na Web. Além disso, a AR.js também fornece suporte para A-Frame, um framework Web para desenvolvimento de experiências em Realidade Virtual, o que permite o desenvolvimento de conteúdo de Realidade Aumentada utilizando tags HTML (ZORZAL, 2020, p. 116).

É nesta conjuntura que surge o *Itreal*: ambiente criado tendo por base elementos das bibliotecas de código aberto AR.js e *A-frame*, e concebido por meio de PHP, JavaScript e HTML como sua estrutura principal. Apresentado como uma ferramenta educacional e interdisciplinar para introdução à RA, sua operacionalização depende exclusivamente de aparelhos com conexão à *internet* e acesso à navegadores *web* comuns, sem que haja a necessidade de realizar *download* de um aplicativo e sem que o usuário precise dominar alguma linguagem de programação.

Assim, partindo do entendimento de que a RA é caracterizada como uma tecnologia que viabiliza a sobreposição e a interação de animações e imagens em 3D no mundo real por meio de dispositivos computacionais, os autores introduzem na seção seguinte a metodologia da pesquisa que culmina, em seção posterior, numa aplicação em RA desenvolvida tendo por base o ambiente *Itreal*, mencionado anteriormente.

METODOLOGIA

A pesquisa conduzida para a elaboração deste capítulo é de natureza aplicada. Conforme definido por Prodanov e Freitas (2013), esse tipo de pesquisa tem como objetivo a produção de conhecimento voltado para a resolução de problemas específicos, abordando questões e interesses locais. A pesquisa aplicada se baseia nas suas descobertas, evoluindo com o seu desenvolvimento, e se destaca pela ênfase na aplicação prática, utilização e implicações concretas do conhecimento gerado (GIL, 2008). Nesse contexto, o autor acrescenta que seu foco está menos na criação de teorias de alcance universal e mais na aplicação imediata em um contexto específico (GIL, 2008).

A pesquisa adotou uma abordagem qualitativa em seu delineamento. De acordo com Prodanov e Freitas (2013), essa pesquisa é do tipo descritiva, onde os pesquisadores costumam analisar os dados de maneira indutiva, com foco principal no processo e em seu significado. Nesse contexto, por meio de uma análise indutiva, o objetivo é apresentar o projeto que resultou no desenvolvimento da ferramenta educacional *Itreal*. A ênfase recai na a acessibilidade do ambiente pelos usuários, na experiência de visualização de imagens em RA e na produção de material educacional tendo o *Itreal* como suporte.

O projeto *Itreal*, idealizado com a participação de doutorandos da Rede Nordeste de Ensino (RENOEN), foi concebido com o objetivo de projetar uma ferramenta que busca difundir tecnologias imersivas de RA. O *Itreal* encontra-se disponível por meio do *link*: https://app.sanusb.org/itreal/, conforme ilustrado na Figura 8.1.

Figura 8.1 – Imagem inicial da página do ambiente *Itreal*

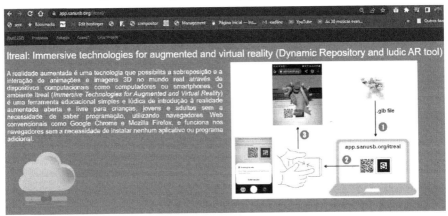

Fonte: Os autores (2023).

Desenvolvido com base nos princípios da Aprendizagem Baseada em Projetos (ABP), o *Itreal* passou por uma fase inicial de experimentação no curso de Ciência da Computação do Instituto Federal do Ceará (IFCE), *campus* Maracanaú. Para garantir a viabilidade dos projetos, conforme as diretrizes da ABP, foi estabelecido um cronograma que delineava o desenvolvimento, apresentação e teste da ideia inicial da ferramenta educacional (SEVERO, 2020). Durante a apresentação da ideia, que ocorreu no meio do semestre letivo de 2023.1, os participantes contribuíram com sugestões e *feedbacks* valiosos durante a fase inicial de experimentação. Após a apresentação do ambiente, foi elaborado um cronograma para o desenvolvimento contínuo e a divulgação dos resultados do uso do *Itreal* como uma proposta de ferramenta educacional no final do semestre letivo.

O *Itreal* foi estruturado como uma ferramenta educacional de introdução à RA que é simples, interdisciplinar e de natureza aberta e acessível. Este ambiente pode ser utilizado por pessoas de todas as idades, desde crianças até adultos, contanto que disponham de um dispositivo com acesso à *internet*, permitindo a manipulação dinâmica de imagens em 3D em RA.

O ambiente oferece a capacidade ao usuário de criar um perfil, onde é possível "inserir um nome de usuário" e um "*link* ou *upload* de uma imagem ou animação" no formato .glb[7] (*Graphics Library Binary*). É importante ressaltar tal flexibilidade oferecida pelo ambiente que permite ao usuário adicionar tanto o *link* de um endereço URL existente, quanto fazer o *download* do arquivo .glb para seu aparelho e, em seguida, realizar o *upload* no novo perfil a ser criado. Esses arquivos .glb podem ser produzidos por programas gráficos como o *Blender*[8] ou encontrados gratuitamente em diversos repositórios on-line, como *Sketchfab*[9], *Free3D*[10], *Turbosquid*[11] e outros. A seguir, apresenta-se uma aplicação de RA que teve sua concepção com base nos "comandos" descritos na página do *Itreal*.

---

7   Os arquivos com a extensão .glb são principalmente associados ao *software Paint 3D* da *Microsoft*. Essa extensão é comumente empregada para armazenar representações tridimensionais de globos, sendo criadas utilizando o STK (*Systems Toolkit*), um aplicativo voltado para modelagem e operação de sistemas espaciais em missões.

8   Disponível em: https://www.blender.org/.

9   Disponível em: https://sketchfab.com/.

10   Disponível em: https://free3d.com/.

11   Disponível em: https://www.turbosquid.com/.

APLICAÇÃO PARA PRODUÇÃO DE MATERIAL EM REALIDADE AUMENTADA COM BASE NO AMBIENTE ITREAL

Inicia-se a aplicação com a criação de um perfil (conforme ilustrado na Figura 8.2), onde o usuário "insere um nome para seu perfil" e uma "imagem" no formato .glb. No caso da aplicação, a imagem foi previamente baixada no computador para realização de *upoload*. Após preencher o nome do perfil e inserir a imagem, o usuário deve clicar em "*Submit Itreal*" para ser redirecionado para a página de seu perfil. É fundamental observar que a imagem adicionada ao *Itreal* deve ter um tamanho máximo de 20MB, caso contrário, o perfil não poderá ser criado, e uma mensagem informando o tamanho adequado da imagem será exibida na página.

Figura 8.2 – Criação de perfil no *Itreal*

Fonte: Os autores (2023).

Em seguida, o usuário tem seu perfil validado (Figura 8.3). Note que, após recado de validação "perfil criado com sucesso", o usuário é levado a um *link* onde pode acessar o perfil que contém a imagem indexada por ele.

Figura 8.3 – Validação do perfil criado e *link* de acesso

Fonte: Os autores, 2023.

Sequencialmente, em "clique aqui para acessar seu perfil", o usuário é direcionado a uma página com o arquivo PHP que mostra os correspondentes *QR Codes* para acesso à arquivos do tipo HTML. Esses elementos são evidenciados na Figura 8.4. Ao apontar o dispositivo para o marcador "S", uma projeção 3D em RA é gerada. Assim, o usuário tem acesso a uma imagem virtual sobreposta a seu ambiente em tempo real, favorecendo uma experiência interativa e imersiva que pode ser aplicada em diversas áreas, como entretenimento, educação, *design*, treinamento industrial e muito mais. A aplicação aqui apresentada visa o entretenimento em uma imersão introdutória à RA.

Figura 8.4 – Acesso à imagem dinâmica AR

Fonte: Os autores, 2023.

Por fim, é válido que se compreenda que o marcador "S" é o elemento que possibilita o acesso à imagem 3D em RA inserida, permitindo ao usuário a manipulação dessa imagem, incluindo ampliação, redução, rotação, entre outras ações, diretamente no *smartphone* com o auxílio das mãos. A Figura 8.5 apresenta a imagem 3D em RA indexada na aplicação proposta no passo inicial, referenciado na Figura 8.2. Os usuários podem acessar e manipular as imagens tocando na tela do *smartphone* com os dedos.

Figura 8. 5 – Acesso e manipulação da imagem 3D inserida pelo usuário

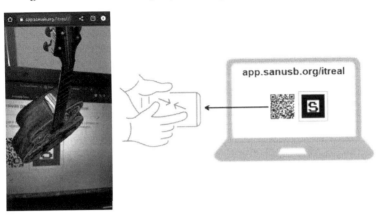

Fonte: Os autores, 2023.

É fundamental destacar, ainda, que todos os perfis criados podem ser visualizados e acessados por todos os usuários ou visitantes através do repositório dinâmico integrado ao próprio *Itreal*, o *dynamicrepo* (disponível em: https://app.sanusb.org/itreal/src/dynamicrepo/). Para que as imagens criadas por outros usuários sejam acessadas, no entanto, é necessário que se clique no nome do usuário que se deseja acessar a imagem e, em seguida, que se corrija o final da URL de acesso, ou seja, é preciso substituir .glb por .php para que a página com o *QR Code* correspondente possa ser acessada, conforme demonstrado na Figura 8.6.

Figura 8.6 – Repositório *dynamicrepo*

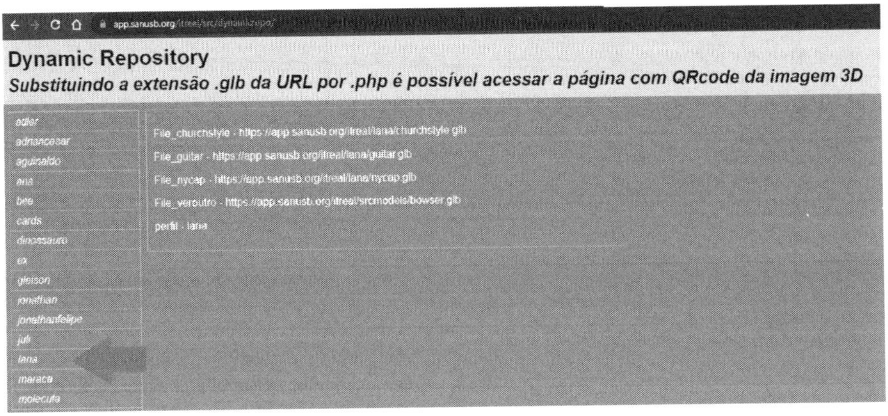

Fonte: Os autores, 2023.

Desta forma, é possível experienciar uma imersão introdutória em RA. Com diversas potencialidades, o *Itreal* trabalha com *QR Codes* e marcadores e permite a inserção de imagens 3D pelo próprio usuário, além do acesso a imagens em RA já indexadas em seu repositório próprio. Nesta perspectiva, o desenvolvimento de RA na *web* permite ao usuário uma experiência tecnológica inovadora e de simples acesso sem que ele tenha a necessidade de reservar espaço de armazenamento em seu aparelho ao baixar ou atualizar aplicativos, já que o *Itreal* necessita, apenas, de um dispositivo móvel (como *smartphone* ou *tablet*) com acesso à *internet*.

Ademais, acredita-se que a RA tem o potencial de oferecer novas formas de interação com o mundo digital e físico e o *Itreal*, por sua vez, pode ser manipulado como uma possível ambiente de criação de conteúdos interativos, enriquecidos com *QR Codes* e que concedem acesso a animações em 3D.

CONSIDERAÇÕES FINAIS

A utilização da RA como instrumento educacional pode promover a modernização de abordagens pedagógicas, tecnologias e planos de ensino, além de enriquecer os procedimentos metodológicos ao integrar o objeto de estudo com a realidade dos alunos. Adicionalmente, acredita-se que para alcançar uma aprendizagem significativa, seja vantajoso contextualizar o conteúdo e, sempre que possível, introduzir novas ferramentas didáticas para estimular e consolidar o interesse dos estudantes no tema em questão. Nesse segmento, o *Itreal*, quando empregado no contexto educacional, oferece a possibilidade de apresentar animações em RA aos alunos de diversas áreas do conhecimento. Isso pode ser feito facilmente, basta procurar nos repositórios on-line por arquivos .glb gratuitos e, em seguida, carregá-los na ferramenta educacional *Itreal*.

É crucial destacar a natureza sistêmica e integrada da ferramenta proposta, a qual possibilita um processo contínuo de inovações tecnológicas que podem ser utilizadas tanto de forma lúdica quanto aplicadas ao ensino. Nesse contexto, a inovação apresentada neste capítulo, sob a forma de um ambiente acessível e de código aberto, oferece uma maneira inicial de adentrar na assimilação desta tecnologia em constante expansão, com vasto potencial para ser empregada de maneira interdisciplinar no ensino: a RA. Adicionalmente, esse ambiente visa preencher uma lacuna na disponibilização de imagens em RA, eliminando a necessidade de conhecimentos prévios em programação ou a exigência de *downloads* de aplicativos.

Assim, espera-se que o capítulo possa gerar reflexões sobre a utilização de RA como ferramenta aplicada ao ensino. Além disso, é conveniente que se destaque a tecnologia desenvolvida por meio do ambiente *Itreal* que permite que os usuários desenvolvam laboratórios, livros e *e-books* interativos com *QR codes* de acesso agregados a animações 3D. Por fim, acredita-se que os resultados obtidos por meio da utilização do ambiente como ferramenta didática poderão ser visíveis em diversas áreas do conhecimento favorecendo a inserção da RA em sala de aula.

AGRADECIMENTO

O presente trabalho foi realizado com apoio do Conselho Nacional de Desenvolvimento Científico e Tecnológico (CNPq).

REFERÊNCIAS

GIL, A. C. **Métodos e técnicas de pesquisa social.** 6. ed. São Paulo: Atlas, 2008.

HOUNSELL, M. da S.; TORI, R.; KIRNER, C. Realidade Aumentada. *In:* TORI, R.; HOUNSELL, M. da S. (org.). **Introdução a Realidade Virtual e Aumentada.** 3. ed. Porto Alegre: Editora SBC, 2020. 496p.

KIRNER, C.; TORI, R. Fundamentos de Realidade Aumentada. *In:* TORI, R.; KIRNER, C.; SISCOUTTO, R. A. **Fundamentos e tecnologia de realidade virtual e aumentada.** Porto Alegre: Editora SBC, 2006.

MAMORE, T. C. **AR.js Studio – versão beta.** Comunidade DEV. 2020. Disponível em: https://dev.to/thayanacmamore/ar-js-studio-versao-beta-2fi8. Acesso em: 21 mar. 2023.

OGUSKO, T. T. **Precisamos falar sobre Tecnologias Imersivas**: VR, AR, MR e XR. Medium. Disponível em: https://medium.com/hist%C3%B3rias-weme/precisamos-falar-sobre-tecnologias-imersivas-vr-ar-mr-e-xr-6c7e8077267b. Acesso em: 21 mar. 2023.

PINTO, M. M.. **Tecnologia e Inovação.** 1. ed. Brasília: Capes: UAB, 2012. v. 1. 152p. Disponível em: https://canal.cecierj.edu.br/122016/dfacdcd2bb529584978b65928055a2b4.pdf. Acesso em: 27 abr. 2023.

PRODANOV, C. C.; FREITAS, E. C. de. **Metodologia do trabalho científico**: métodos e técnicas da pesquisa e do trabalho acadêmico. 2. ed. Novo Hamburgo: Feevale, 2013.

QUEIROZ, A. C.; TORI, R.; NASCIMENTO, A. Realidade Virtual na Educação: Panorama das Pesquisas no Brasil. **Brazilian Symposium on Computers in Education** (Simpósio Brasileiro de Informática na Educação – SBIE), [S.l.], p. 203, out. 2017. ISSN 2316-6533. Disponível em: http://ojs.sector3.com.br/index.php/sbie/article/view/7549. Acesso em: 30 abr. 2023. doi: http://dx.doi.org/10.5753/cbie.sbie.2017.203.

SEVERO, C. E. P. Aprendizagem Baseada em Projetos: Uma Experiência Educativa na Educação Profissional e Tecnológica. **Revista Brasileira da Educação Profissional e Tecnológica**, [S. l.], v. 2, n. 19, p. e6717, 2020. Disponível em: https://www2.ifrn.edu.br/ojs/index.php/RBEPT/article/view/6717. Acesso em: 10 jul. 2023.

ZORZAL, E. R. Dispositivos Móveis. *In:* TORI, R.; HOUNSELL, M. da S. (org.). **Introdução a Realidade Virtual e Aumentada**. 3. ed. Porto Alegre: Editora SBC, 2020. 496p.

POSFÁCIO

Ao ler esta obra você será conduzido por uma jornada que transcende as fronteiras da pesquisa em ensino de Física. Os capítulos delineiam um panorama abrangente, desde a evolução do ensino tradicional até inovadoras abordagens pedagógicas, como a Aprendizagem Baseada em Projetos (ABP) e a Sequência de Ensino por Investigação (SEI).

Destacam-se reflexões cruciais sobre a formação de professores, a integração da pesquisa à prática educativa e a carência de um sistema nacional de divulgação. As contribuições abraçam a diversidade de gênero, sugerindo que investimentos em políticas públicas são essenciais para aprimorar a educação em ciências no Brasil.

A obra mergulha ainda nas potencialidades da ABP, ressaltando seu papel no desenvolvimento de habilidades cruciais para o século XXI. A SEI emerge como uma ferramenta valiosa para a aprendizagem significativa, destacando a importância da problematização e do trabalho experimental.

A abordagem inovadora do uso do GeoGebra na pesquisa sobre Eletricidade em Corrente Alternada oferece perspectivas promissoras, ampliando a compreensão dos conceitos por meio de tecnologias educacionais.

A transição para o campo da Engenharia de Software revela a lacuna entre teoria e prática, propondo a Aprendizagem Baseada em Projetos como ponte essencial. Experiências bem-sucedidas sugerem que esta metodologia não apenas aprimora a formação acadêmica, mas também prepara os futuros engenheiros de software para os desafios do mundo profissional.

O capítulo dedicado à divulgação científica ressalta a importância da democratização do conhecimento, destacando o papel vital do "Grupo de Pesquisa em Inovação de Recursos Didáticos, Produtos Educacionais e Tecnológicos" (GREPET) nesse cenário.

Por fim, somos apresentados ao ambiente de inovação na disseminação de tecnologias imersivas de realidade aumentada. Este capítulo oferece uma perspectiva excitante sobre o potencial educacional da RA, proporcionando uma imersão introdutória acessível a todos.

Que este trabalho perdure como uma fonte de inspiração para pesquisadores, professores e educadores em busca de uma educação mais significativa e inclusiva.

Prof. Dr. Antônio Nunes de Oliveira
Docente do Programa de Pós-graduação em
Ensino de Ciências e Matemática (PGECM|IFCE)

OS AUTORES

ANA KARINE PORTELA VASCONCELOS

http://lattes.cnpq.br/9270231270884490

https://orcid.org/0000-0003-1087-5006

ANTÔNIO NUNES DE OLIVEIRA

https://lattes.cnpq.br/0413684696036057

https://orcid.org/0000-0001-5697-8110

AUZUIR RIPARDO DE ALEXANDRIA

http://lattes.cnpq.br/2784997614182231

https://orcid.org/0000-0002-6134-5366

SANDRO CÉSAR SILVEIRA JUCÁ

http://lattes.cnpq.br/0543232182796499

https://orcid.org/0000-0002-8085-7543

ANTONIO DE LISBOA COUTINHO JUNIOR

http://lattes.cnpq.br/3693510085792004

https://orcid.org/0000-0001-7270-7759

MICHELE MARIA PAULINO CARNEIRO

http://lattes.cnpq.br/6945753722327936

https://orcid.org/0000-0002-5925-9469

JOSE WALLY MENDONÇA MENEZES

http://lattes.cnpq.br/1278089649826222

https://orcid.org/0000-0003-2605-8633

MAIRTON CAVALCANTE ROMEU

http://lattes.cnpq.br/0265485712794617

https://orcid.org/0000-0001-5204-9031

JOEL VIEIRA DE ARAÚJO FILHO

http://lattes.cnpq.br/9185047913033124

FRANCISCO NAIRON MONTEIRO JÚNIOR

http://lattes.cnpq.br/3188254514626579

https://orcid.org/0000-0001-5711-8788

JOSÉ GLEISSON DA COSTA GERMANO

http://lattes.cnpq.br/2074168547857743

https://orcid.org/0000-0002-2277-1231

CYNTHIA PINHEIRO SANTIAGO

http://lattes.cnpq.br/5761701257089495

https://orcid.org/0000-0003-4013-4751

FRANCISCO JOSÉ ALVES DE AQUINO

http://lattes.cnpq.br/7753822376652584

https://orcid.org/0000-0003-2963-3250

JOSÉ GLEISON GOMES CAPISTRANO

http://lattes.cnpq.br/7844873537773540

https://orcid.org/0000-0001-5631-9430

SOLONILDO ALMEIDA DA SILVA

http://lattes.cnpq.br/302320259235467

https://orcid.org/0000-0001-5932-1106

LANA PRISCILA SOUZA

http://lattes.cnpq.br/8204819962397710

https://orcid.org/0000-0003-1921-1396

GILVANDENYS LEITE SALES

http://lattes.cnpq.br/9075418972296296

https://orcid.org/0000-0002-6060-2535

Impresso na Prime Graph
em papel offset 75 g/m^2
fonte utilizada adobe caslon pro
fevereiro / 2024